BEI GRIN MACHT SICH IHR WISSEN BEZAHLT

- Wir veröffentlichen Ihre Hausarbeit, Bachelor- und Masterarbeit

- Ihr eigenes eBook und Buch - weltweit in allen wichtigen Shops

- Verdienen Sie an jedem Verkauf

Jetzt bei www.GRIN.com hochladen und kostenlos publizieren

GRIN

Bibliografische Information der Deutschen Nationalbibliothek:

Die Deutsche Bibliothek verzeichnet diese Publikation in der Deutschen Nationalbibliografie; detaillierte bibliografische Daten sind im Internet über http://dnb.d-nb.de/ abrufbar.

Dieses Werk sowie alle darin enthaltenen einzelnen Beiträge und Abbildungen sind urheberrechtlich geschützt. Jede Verwertung, die nicht ausdrücklich vom Urheberrechtsschutz zugelassen ist, bedarf der vorherigen Zustimmung des Verlages. Das gilt insbesondere für Vervielfältigungen, Bearbeitungen, Übersetzungen, Mikroverfilmungen, Auswertungen durch Datenbanken und für die Einspeicherung und Verarbeitung in elektronische Systeme. Alle Rechte, auch die des auszugsweisen Nachdrucks, der fotomechanischen Wiedergabe (einschließlich Mikrokopie) sowie der Auswertung durch Datenbanken oder ähnliche Einrichtungen, vorbehalten.

Impressum:

Copyright © 2016 GRIN Verlag, Open Publishing GmbH
Druck und Bindung: Books on Demand GmbH, Norderstedt Germany
ISBN: 9783668355279

Dieses Buch bei GRIN:

http://www.grin.com/de/e-book/344710/das-resistenzbrechende-antibiotikum-teixobactin-synthese-eines-arginin-derivates

Marvin Kemper

Das resistenzbrechende Antibiotikum Teixobactin. Synthese eines Arginin-Derivates

GRIN Verlag

GRIN - Your knowledge has value

Der GRIN Verlag publiziert seit 1998 wissenschaftliche Arbeiten von Studenten, Hochschullehrern und anderen Akademikern als eBook und gedrucktes Buch. Die Verlagswebsite www.grin.com ist die ideale Plattform zur Veröffentlichung von Hausarbeiten, Abschlussarbeiten, wissenschaftlichen Aufsätzen, Dissertationen und Fachbüchern.

Besuchen Sie uns im Internet:

http://www.grin.com/

http://www.facebook.com/grincom

http://www.twitter.com/grin_com

Bergische Universität Wuppertal

Fakultät 4 - Mathematik und Naturwissenschaften

Bachelor-Thesis

Synthese eines Arginin-Derivates, des resistenzbrechenden Antibiotikums Teixobactin

zur Erlangung des akademischen Grades eines

Bachelor of Applied Science (B. A Sc.) mit Schwerpunkt Chemie und Physik

vorgelegt von

Marvin Kemper

Oktober 2016

Danksagung

Mein besonderer Dank gilt zunächst Herrn Prof. Dr. Jürgen Scherkenbeck für die interessante Themenstellung und die Aufnahme in die Arbeitsgruppe. Sowie Herrn Dr. Markus Roggel, der sich schnell bereiterklärte, als Zweitprüfer für diese Arbeit zu fungieren.

Ich bedanke mich bei meinen Laborkollegen: J. Müller, G. Kotipali, A. Lehnard, M. Kibungu und M. Lübke für die angenehme Aufnahme in die Arbeitsgruppe und für die vielen anregenden Gespräche, sowie die damit verbundenen Hilfestellungen. Besonders danke ich J. und G., die meine Arbeit betreut und sich immer Zeit für meine Fragen genommen haben. Desweiteren danke ich F. Körber für die Milch.

Für die Aufnahme der Spektren und die Durchführung der Analysen danke ich zudem Herrn A. Siebert, Frau I. Polanz und Frau S. Bettinger, die sich immer bemüht haben zu helfen und die ein oder andere Ausnahme gemacht haben.

Ich danke meiner Familie und meinen Freunden, die immer für mich da waren, besonders Regina, die mich auf jede denkbare Weise unterstützt hat.

Inhalt

Abkürzungsverzeichnis

Ac	-	Acetyl
ACN	-	Acetonitril
AcOH	-	Essigsäure
ALLOC	-	Allyloxycarbonyl
AA	-	Aminosäure (amino acid)
		Alle Aminosäuren werden in dieser Arbeit durch den offiziellen 3-Buchstaben-Code der IUPAC-Kommission abgekürzt. Abkürzungen von D-Aminosäuren sind klein geschrieben.
äq.	-	Äquivalent/e
Bn	-	Benzyl
Boc	-	*tert*-Butyloxycarbonyl
ca.	-	ungefähr
Cbz	-	Benzyloxycarbonyl
CHA	-	Cyclohexylamin
CH	-	Cyclohexan
DC	-	Dünnschichtchromatographie
DCC	-	Dicyclohexylcarbodiimid
DCM	-	Dichlormethan
DIPEA	-	Diisopropylethylamin
DMF	-	Dimethylformamid
DMSO	-	Dimethylsulfoxid
DMTMM*BF_4	-	4-(4,6-Dimethoxy-1,3,5-triazin-2-yl)-4-methylmorpholinium tetrafluoroborat
DPPA	-	Diphenylphosphorylazid
et al.	-	und andere
EA	-	Ethylacetat
EtOH	-	Ethanol
FDPP	-	Pentafluorophenyldiphenylphosphinat
Fmoc	-	Fluorenylmethoxycarbonyl
ges.	-	gesättigt
HATU	-	1-[Bis(dimethylamino)methylene]-1*H*-1,2,3-triazolo-[4,5-*b*]pyridinium 3-oxid hexafluorophosphate
HOBt	-	1-Hydroxybenzotriazol
HOAt	-	1-Hydroxy-7-azabenzotriazol
HPLC	-	Hochleistungsflüssigkeitschromatographie

HR-ESI-MS	-	Hochauflösende Elektrosprayionisation Massenspektrometrie
HV	-	Hochvakuum
iChip	-	isolation Chip
IR	-	Infrarot
LC-MS	-	Flüssigchromatographie - Massenspektrometrie
MeOH	-	Methanol
MHK	-	minimale Hemm-Konzentration
MRSA	-	Methicillin-resistenter *Staphylococcus aureus*
m/z	-	Masse zu Ladungs-Verhältnis
MW	-	Molekülmasse
NMR	-	Kernspinresonanz
OAt	-	deprotonierte Form von HOAt
org.	-	organisch
oxyma pure	-	Ethyl cyano(hydroxyimino)acetate
Pbf	-	2,2,4,6,7-Pentamethyldihydrobenzofuran-5-sulfonyl
Pd[C]	-	Palladium auf Kohle
Ph	-	Phenyl
Pmc	-	2,2,5,7,8-Pentamethylchroman-6-sulfonyl
PyBop	-	Benzotriazol-1-yl-oxytripyrrolidinophosphonium-hexafluorophosphat
PyAOP	-	(7-Azabenzotriazol-1-yloxy)tripyrrolidinophosphonium-hexafluorophosphate
quant.	-	quantitativ
Roti	-	Rotationsverdampfer
RT	-	Raumtemperatur
*t*Bu	-	*tert*-Butyl
TEA	-	Triethylamin
TFA	-	Trifluoressigsäure
TFE	-	Triflourethanol
TIPS	-	Triisopropylsilan
TRT	-	Trityl
Vb.	-	Verbindung
VE	-	vollentsalzt
z.B.	-	zum Beispiel

I. Einleitung

1. Antibiotika

Als Antibiotikum werden allgemein Stoffe bezeichnet, die in der Lage sind, bereits in geringen Konzentrationen Bakterien und andere Mikroorganismen abzutöten oder ihr Wachstum zu hemmen[1].

Als erstes Antibiotikum der Geschichte gilt das 1910 von Paul Ehrlich entdeckte Arsphenamin **1**, das erstmalig eine medikamentöse Behandlung der Syphilis ermöglichte, wenn auch mit starken Nebenwirkungen[2]. Innerhalb der folgenden Jahre bis ca. 1950 wurden diverse weitere Antibiotika wie z.B. Penicillin **2**, Streptomycin **3** und Tetracyclin **4** entdeckt, die teilweise noch bis heute eingesetzt werden[3]. Besonders die Entdeckung des Penicillins stellt eine der größten Errungenschaften des 20. Jahrhunderts dar, da es als einfach zu verabreichendes Breitbandantibiotikum die Medizin seiner Zeit revolutionierte[4].

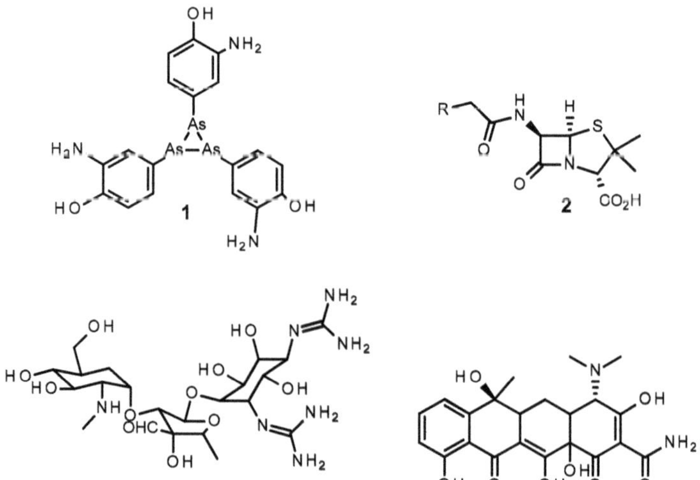

Abbildung 1: **1** Arsphenamin, **2** Penicillin, **3** Streptomycin, **4** Tetracyclin

Durch die Entdeckung dieser Stoffe wurden bakterielle Infektionskrankheiten effektiv behandelbar, was sich sehr positiv auf die durchschnittliche Lebenserwartung der Menschen und die Kindersterblichkeitsraten auswirkte. So ist die durchschnittliche Lebenserwartung in

Deutschland von 40 Jahren im Jahr 1900, auf 80 Jahre im Jahr 2014gestiegen[5]. Dies ist vor allem dem Einsatz von Antibiotika sowie einer Erhöhung der hygienischen Sorgfalt und des Lebensstandards zuzurechnen. Die größte Steigung hat die in Abb. 2 dargestellte Kurve zwischen 1900 und 1930. Zur selben Zeit wurden die ersten Antibiotika entdeckt und etabliert.

Abbildung 2: Lebenserwartung in Deutschland nach Geburtsjahr[5]

Spätere Generationen von Antibiotika leiten sich weitestgehend von Naturstoffen ab, die als Leitstrukturen für ihre Entwicklung dienten[6]. Derivate der Leitstrukturen können halbsynthetisch aus den Naturstoffen oder vollsynthetisch gewonnen werden. Seit den 70er Jahren wurden jedoch kaum neue Leitstrukturen entdeckt, während Infektionen durch antibiotikaresistente Bakterien, wie z.B. MRSA, zu einem zunehmenden Problem der modernen Medizin werden[7]. Die Abkürzung MRSA steht für Methicillin-resistenter *Staphylococcus aureus*, wird aber auch für multiresistente Stämme verwendet. Eine Infektion mit *S. aureus* führt üblicherweise nicht direkt zu Symptomen, erst wenn das Immunsystem des Wirts geschwächt ist, kommt es zu Entzündungen im ganzen Körper. Vorwiegend werden Haut und Muskeln angegriffen. [8]

Bakterien werden als resistent gegen ein spezifisches Antibiotikum bezeichnet, wenn das Antibiotikum die Fähigkeit, diese Bakterien abzutöten oder deren Wachstum zu hemmen, verloren hat[9]. Problematisch daran ist, dass es bis auf Antibiotika kaum

Behandlungsmöglichkeiten für bakterielle Infektionen gibt. Somit können selbst gewöhnliche Infektionen wie Lungenentzündungen mitunter tödlich verlaufen.

Infektionen durch antibiotikaresistente Keime sind besonders in Krankenhäusern ein häufiges Problem. Die Zahl der Infektionen durch antibiotikaresistente Erreger in Deutschland im Jahr 2013 wird auf ca. 29.000 geschätzt, was ca. 6 % aller nosokomialen Infektionen entspricht. Nosokomial bedeutet, dass die Infektion in zeitlicher Nähe zu einem Krankenhausaufenthalt steht. Diese 6% sind allerdings für 2/3 der ca. 37.000 jährlichen Todesfälle in Europa, die durch nosokomiale Infektionen verursacht werden, verantwortlich. Der Anteil der Patienten, die sich während eines Krankenhausaufenthaltes mit einer Infektion anstecken, ist mit ca. 3.5 % innerhalb der letzten Jahrzehnte unverändert geblieben. Der Anteil der Infektionen, die durch antibiotikaresistente Erreger verursacht werden und somit die Zahl der Todesfälle, ist jedoch drastisch gestiegen.[10]

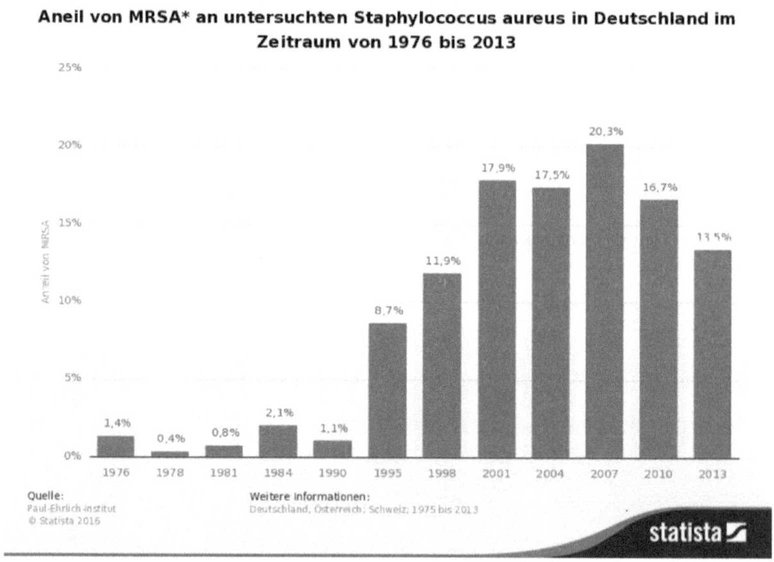

Abbildung 3: Anteil multiresistenter Stämme an untersuchten Kulturen von *S. aureus* [11]

Infektionen durch multiresistente Erreger sind besonders schwer zu behandeln, da viele Patienten schneller sterben, als ein noch wirksames Antibiotikum gefunden werden kann.

Antibiotika-Resistenzen entwickeln sich in Bakterien deutlich schneller, als neue Antibiotika entdeckt und zur Marktreife weiterentwickelt werden können. Deswegen ist das internationale wissenschaftliche Interesse an antibiotischen Leitstrukturen mit neuen Wirkungsmechanismen sehr groß.

2. Teixobactin

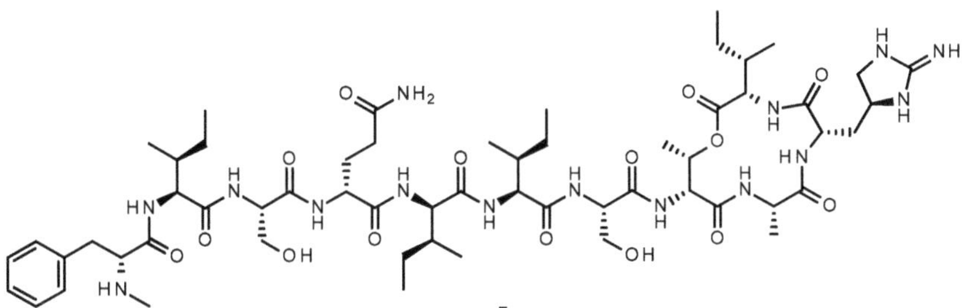

5

Abbildung 4: Teixobactin **5**

Das Antibiotikum Teixobactin wurde 2015 von Ling et al. entdeckt, es weist eine starke antibiotische Wirkung gegen grampositive Bakterien auf[12].

Im Gegensatz zu grampositiven Bakterien verfügen gramnegative Bakterien über eine zusätzliche äußere Zellmembran, die verhindert, dass Teixobactin seinen Wirkungsort erreicht. Somit ist die Wirkung von Teixobactin auf grampositive Bakterien beschränkt.

Teixobactin wurde aus dem bodenlebenden Proteobakterium *Eleftheria terrae* isoliert, das nur mithilfe der neu entwickelten iChip-Technologie kultiviert werden konnte[12]. Mit dem, von NovoBiotic Pharmaceuticals entwickelten, iChip-Verfahren können ungefähr 50 % aller wildlebenden Bakterien kultiviert werden. Da bisher nur ca. 1 % aller Bakterien unter Laborbedingungen gezüchtet werden konnten, stellt dies eine Revolution der Mikrobiologie dar. Das Verfahren basiert darauf, ein Agar basiertes Nährmedium über eine semipermeable Kunststoffmembran mit dem natürlichen Lebensraum der Bakterien in Kontakt zu bringen, um eine vollständige Versorgung mit benötigten Nährstoffen zu gewährleisten[12].

Als Peptidantibiotikum besteht Teixobactin aus vier D-Aminosäuren und sieben L-Aminosäuren, einschließlich der unnatürlichen Aminosäure Enduracididin. Es handelt sich außerdem um ein Depsipeptid, da es außer Peptidbindungen auch eine Esterbindung enthält. Verwandte Antibiotika sind z.B. Mannopeptimycin **6** und Lysobactin **7** mit denen es sich seine macrozyklische Struktur und die Guanidino-Gruppe teilt[13]. Im Mannopeptimycin kommt ein Derivat des Enduracididin, das β-hydroxy-Enduracididin, sogar zweimal vor. Lysobactin ist ebenfalls ein Depsipeptid.

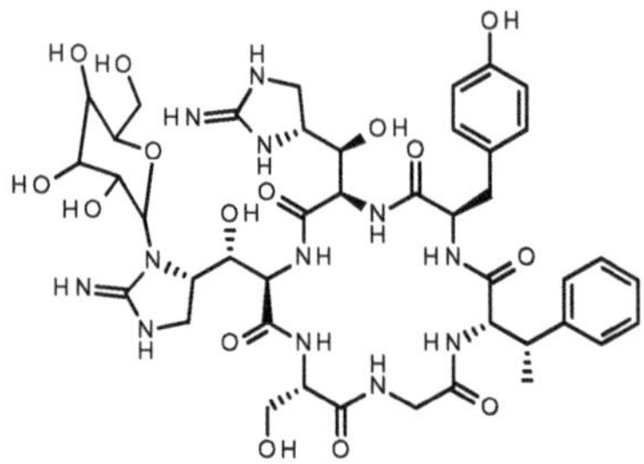

6

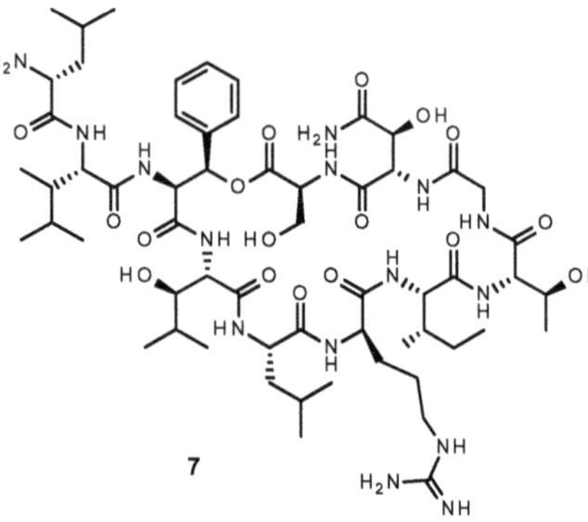

7

Abbildung 5: Mannopeptimycin **6** und Lysobactin **7**

Wie bei Mannopeptimycin wird vermutet, dass Teixobactin in die Zellwand-Synthese grampositiver Bakterien eingreift, indem es Lipid II hemmt. Dieses wird zur Bildung von Peptidoglycan benötigt. Peptidoglycan fungiert als Gerüst für die Zellwand-Biosynthese. Wird seine Produktion gehemmt, kommt es zu Löchern in der Zellwand des Bakteriums. Durch diese kann ungehindert Wasser einströmen, bis die Zelle durch ihren hohen osmotischen Druck platzt. Zudem inhibiert Teixobactin Lipid III, das heißt, dass es an mehreren Stellen in die Zellwand-Biosynthese eingreift. Dies erschwert die Resistenzbildung, da ein Stamm mehrere Mutationen aufweisen und dennoch lebensfähig sein muss, um eine Resistenz zu entwickeln.

Ling et al. testeten diese Vermutung, indem sie Kulturen von *S. aureus* 27 Tage lang mit geringen Dosen von Teixobactin behandelten, jedoch konnten keine Anzeichen einer Resistenzbildung beobachtet werden[12].

Getestet wurde außerdem die biologische Aktivität von Teixobactin gegen mehrere Stämme von *Staphylococcus aureus*, *Streptococcus pneumoniae, Mycobacterium tuberculosis* und weitere grampositive, sowie gramnegative Bakterien. Bei grampositiven Bakterien zeigte Teixobactin vergleichbare MHK-Werte wie Daptomycin und schien nicht von Resistenzen gegen bekannte Antibiotika beeinflusst zu werden[12]. Damit stellt Teixobactin eines der wenigen, neu entdeckten Antibiotika mit multiresistenzbrechenden Eigenschaften dar. MHK steht für minimale Hemm-Konzentration und gibt die geringste Konzentration eines Antibiotikums an, bei dem das Wachstum von Bakterien noch messbar gehemmt wird.

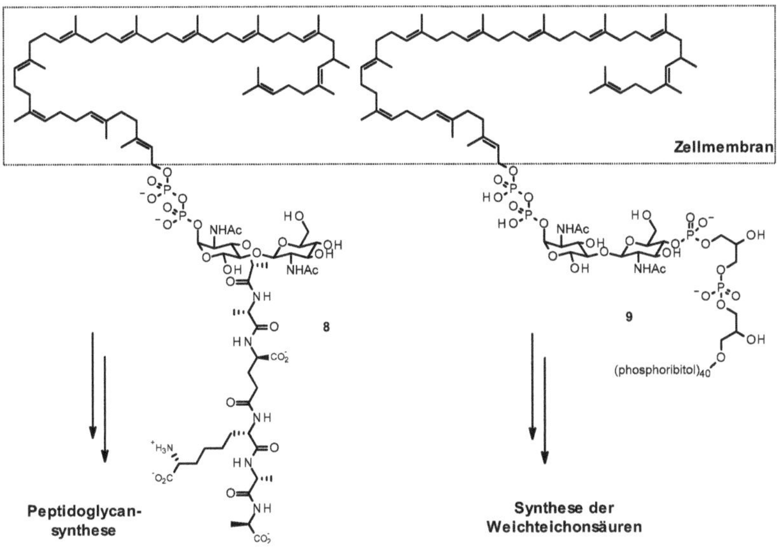

Abbildung 6: Lipid II **8** und Lipid III **9**[14]

II. Allgemeiner Teil

1. Arg-Teixobactin

Bis auf L-*allo*-Enduracididin sind alle Aminosäuren, aus denen Teixobactin aufgebaut ist, kommerziell erhältlich. Da Enduracididin nicht gekauft werden kann, muss es selbst hergestellt werden, wie z.B. nach Peoples et al.[15], über eine 5-stufige Synthese mit 34 % Ausbeute. Demnach ist Enduracididin der zeit- und kostspieligste Baustein in der Synthese von Teixobactin.

Aus oben genannten Gründen ist das Interesse an L-*allo*-Enduracididin-freien Derivaten, die ihre biologische Aktivität behalten, groß. Die strukturell ähnlichste Aminosäure, durch die Enduracididin ersetzt werden kann, ist L-Arginin.

Anfang 2016 wurden mehrere Synthesen von Teixobactin, sowie seines Arginin-Derivates veröffentlicht. Erwähnenswert sind unter anderem die Synthesen von Jad et al.[16] und Parmar et al.[17]. Darauf aufbauend wurden weitere Derivate von Yang et al.[18] synthetisiert und auf ihre biologische Aktivität untersucht.

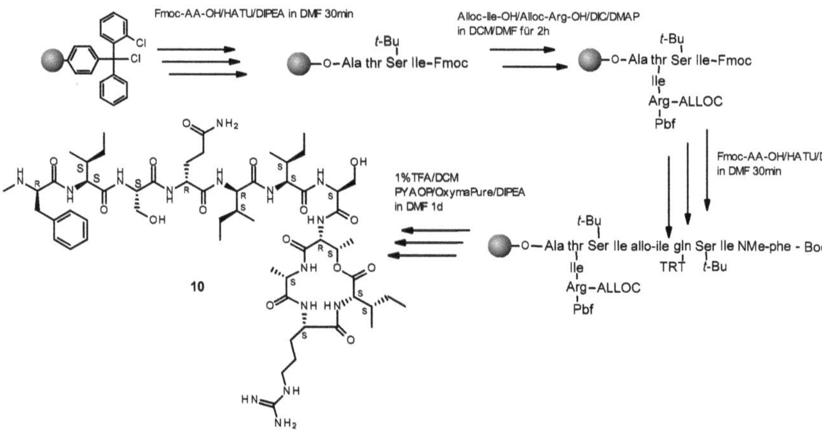

Abbildung 7: Synthese des Arginin-Derivats **10** nach Jad et al.[16] (6 % Ausbeute)

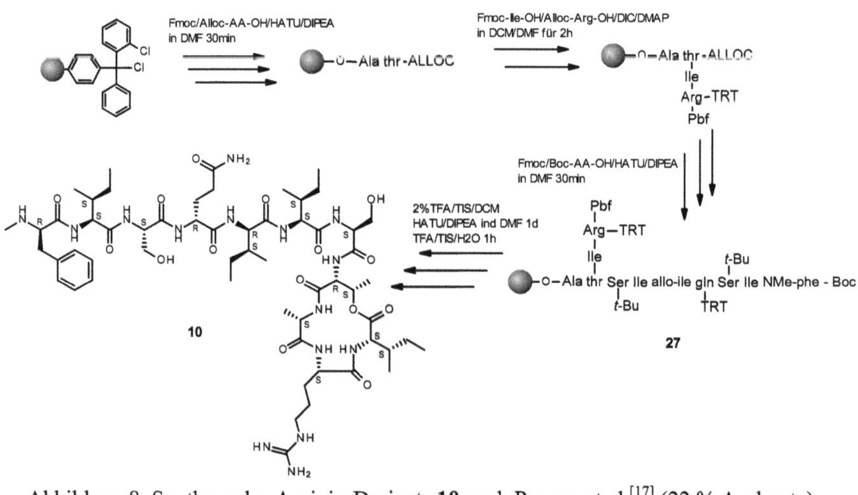

Abbildung 8: Synthese des Arginin-Derivats **10** nach Parmar et al.[17] (22 % Ausbeute)

Die Syntheserouten unterscheiden sich nur durch die Reihenfolge in der die Aminosäuren gekuppelt werden, sowie ihre Schutzgruppenstrategien. Beide Arbeitsgruppen bauten zuerst das lineare Undecapeptid mit seiner Depsipeptid-Verzweigung auf einem Chlorotritylchlorid-Harz auf, gefolgt von einer Macrolactamisierung zwischen Alanin und Arginin in flüssiger Phase.

Im Hinblick auf eine analoge Synthese von Teixobactin sind die Routen allerdings nicht sehr effizient. Enduracididin würde in beiden Synthesen sehr früh über eine Festphasensynthese in das Molekül eingeführt. Dies führt zum einen zu einem erhöhten Verbrauch an Enduracididin, durch Einsatz von Überschüssen und zum anderen zu den typischen Ausbeuteverlusten einer mehrstufigen, linearen Synthese. Da Enduracididin nicht kommerziell erhältlich ist und über eine mehrstufige Synthese hergestellt werden muss, sollte der Verbrauch dieser Aminosäure weitestgehend minimiert werden.

In der Arbeitsgruppe von Prof. Scherkenbeck wurde deswegen eine Synthese des Arginin-Derivates **10** entwickelt, die bei Austausch des Arginin durch Enduracididin auch zur effizienten Synthese von Teixobactin genutzt werden kann. Der Schlüsselschritt der konvergenten, in der Arbeitsgruppe entwickelten Synthese ist die Verknüpfung der Heptapeptid-Seitenkette **11** und des Cyclotetradepsipeptids **12** in flüssiger Phase. Arginin wird dabei als letzte Aminosäure in das Tetradepsipeptid eingefügt, gefolgt von einer Macrolactamisierung zwischen Alanin und Arginin.

2. Festphasensynthese

Die Festphasensynthese, auch Merrifield-Synthese genannt, wurde 1963 vom amerikanischen Chemiker Robert Bruce Merrifield entwickelt[19]. Für seine Arbeiten wurde ihm 1984 der Nobelpreis für Chemie verliehen.

Ziel einer Festphasensynthese ist der stufenweise Aufbau eines Peptids, also einer Kette von Aminosäuren. Dazu wird eine Aminosäure auf einer Trägerphase, einem polymeren Harz, kovalent verankert und nacheinander mit den gewünschten Aminosäuren gekuppelt, wodurch die Kette Glied für Glied wächst.

Die meisten Harze bestehen aus Polystyrol und 1-2% Divinylbenzol und werden nach der Polymerisation mit sogenannten Linkern versehen. Der Linker ist das Bindeglied zwischen dem Polymer und der ersten Aminosäure. Der Aufbau des Linkers bestimmt auch die Bedingungen unter denen das Peptid vom Harz abgespalten werden kann. Polystyrol kann, wie z.B. beim Merrifield-Harz, durch eine Blanc-Reaktion funktionalisiert werden, die Chlormethylgruppe erlaubt das Anbringen von Aminosäuren.

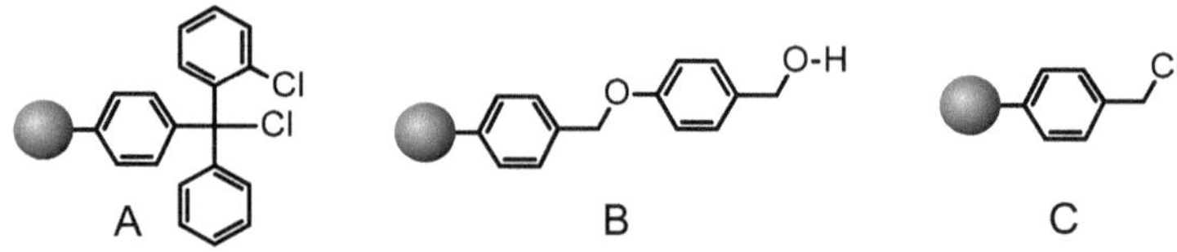

Abbildung 9: 2-Chlorotritylchlorid-Harz (A), Wang-Harz (B) und Merrifield-Harz (C)

Es gibt sowohl wiederverwendbare, als auch nicht wiederverwendbare Harze. Der Unterschied liegt darin, ob der Linker während der Abspaltung des Peptids zerstört wird oder anschließend mit einer neuen Aminosäure beladen werden kann.

Üblicherweise wird eine Aminosäure mit ihrer Carbonsäure-Funktion an das Harz gebunden und mithilfe eines Kupplungsreagenzes (HATU, DCC, o.ä.) mit einer passend geschützten Aminosäure gekuppelt. Als Schutzgruppen für die Aminfunktionen werden meist Boc- oder Fmoc-Gruppen eingesetzt. Diese müssen nach jeder erfolgreichen Kupplung abgespalten werden, bevor die nächste Kupplung durchgeführt werden kann. Es können keine ungeschützten Aminosäuren eingesetzt werden, da so nicht kontrolliert werden kann, wie oft sich die Aminosäure an die Kette anfügt. Zudem könnten ungeschützte Aminosäuren als Nebenreaktion dimerisieren.

Auf diese Weise der linearen Kettenverlängerung können Peptide aus bis zu 100 Aminosäuren aufgebaut werden. Aufgrund der nicht quantitativen Ausbeuten der Reaktionen sind jedoch nur Ketten aus maximal 50 Aminosäuren praktikabel herzustellen. Das Verfahren kann zudem automatisiert werden. An sogenannten Synthesizern können Peptide mit fast beliebigen Sequenzen automatisch hergestellt werden.

Der Vorteil von Festphasensynthesen liegt darin, dass sie im Normalfall höhere Ausbeuten ergeben, da ein Überschuss der zu kuppelnden Aminosäuren eingesetzt wird. Des Weiteren muss das Harz nach jedem Reaktionsschritt nur gründlich mit DCM und DMF gewaschen werden, um das Produkt zu reinigen. Bei einem Flüssigphasenansatz müsste das Produkt nach jedem Schritt durch zeit- und ressourcenintensive Säulenchromatographie gereinigt werden. Nachteile der Festphasensynthese sind zum einen der erhöhte Verbrauch an teuren Aminosäuren, sowie die erschwerte Reaktionskontrolle. Bei jeder Messung muss ein kleiner

Teil des Harzes entnommen und mit der Abspaltlösung behandelt werden. Erst dann kann der Fortschritt der Kupplung durch DC oder LCMS kontrolliert werden.

III. Zielsetzung

Ziel dieser Arbeit ist die Synthese des Arginin-Derivats **10**, sowie dessen Bausteine, die Heptapeptid-Seitenkette **11** und das Cyclotetradepsipeptid **12**. Verbindung **10** soll für eine Kooperation mit der ortsansässigen Firma AiCuris in einer ausreichenden Menge zur Verfügung gestellt werden, um ihre biologische Aktivität messen zu können.

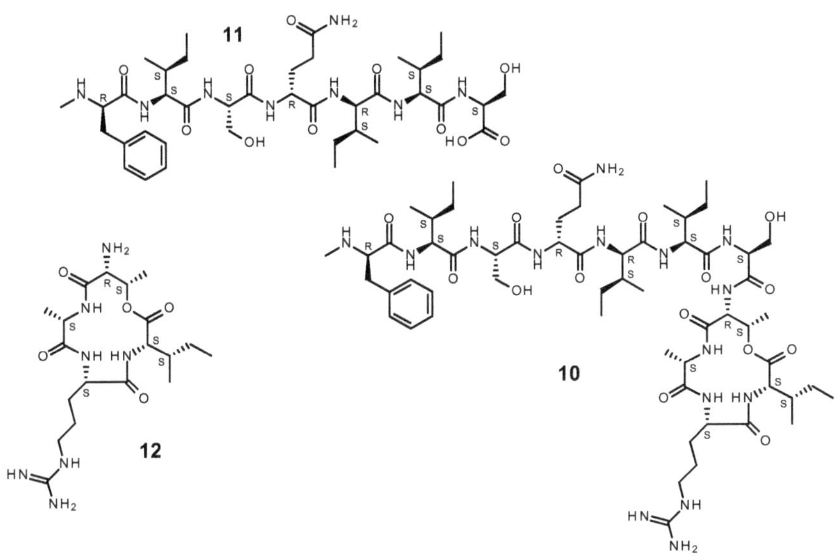

Abbildung 10: Arginin Derivat des Teixobactin **10** und dessen Bausteine **11** und **12**

Das Heptapeptid **11** soll über Festphasensynthese hergestellt und in flüssiger Phase mit dem Cyclotetradepsipeptid **12** gekuppelt werden, das ebenfalls über Flüssigphasensynthese hergestellt werden soll. Es werden nur die geschützten Varianten **18** und **20** der Bausteine synthetisiert, da die Entschützung erst nach fertiger Kupplung zum Undecapeptid durchgeführt werden kann.

IV. Retrosynthese

Das Arginin-Derivat **10** lässt sich für eine konvergente Synthese durch Bruch einer Amidbindung in die Bausteine **17** und **18** zerlegen. Das lineare Heptapeptid **18** lässt sich durch Bruch von sechs Amidbindungen in die einzelnen Aminosäuren zerlegen.

Da alle Aminosäuren wie bereits erwähnt, kommerziell erhältlich sind, kann das Heptapeptid aus den einzelnen Fmoc geschützten Aminosäuren über eine Festphasensynthese hergestellt werden. Wegen der milden Abspaltbedingungen wurde hier ein 2-Chlorotritylchlorid-Harz als Trägermaterial verwendet.

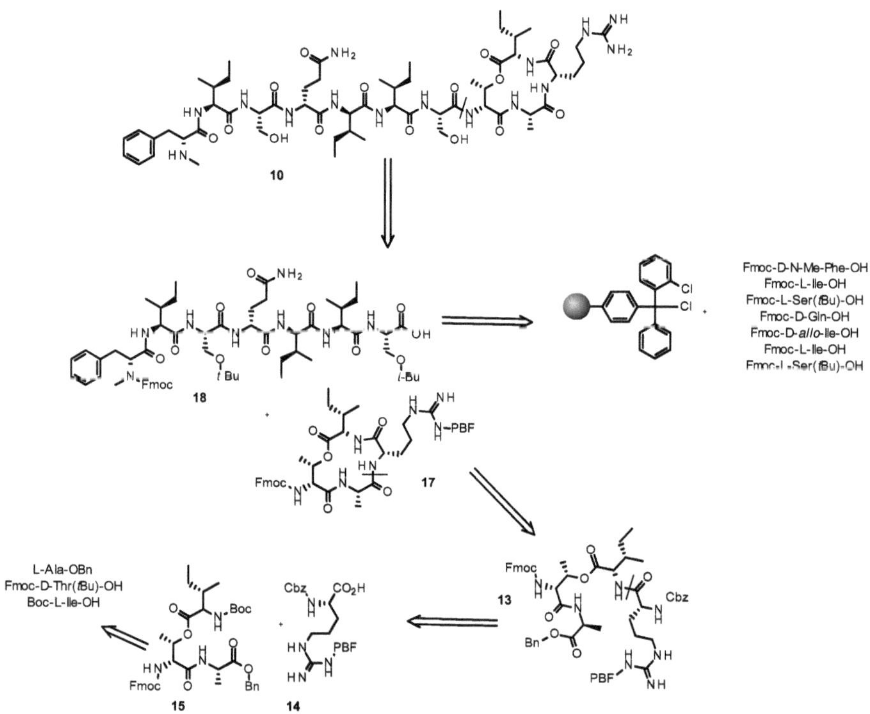

Abbildung 11: Retrosynthese des Arginin-Teixobactin-Derivats **10**

Für Verbindung **17** wurde eine Flüssigphasensynthese gewählt, da der Baustein bei der Synthese von Teixobactin die Aminosäure Enduracididin enthält. Der Syntheseplan wurde so entwickelt, dass bei zukünftigen Arbeiten an Teixobactin nur in jedem Schritt L-Arginin durch L-*allo*-Enduracididin ersetzt werden muss und die Reaktionsbedingungen weitgehend übernommen werden können.

Eine Flüssigphasensynthese ist in diesem speziellen Fall eleganter, da im Gegensatz zur Festphasensynthese nur geringe Überschüsse oder äquivalente Mengen des kostspieligen Enduracididins eingesetzt werden.

Bei der Festphasensynthese der Seitenkette **11** wurden Fmoc-geschützte Aminosäuren verwendet, die der Reihe nach entschützt und gekuppelt wurden. Es wurde eine Fmoc-Synthese als Schutzgruppenstrategie für die Festphasensynthese gewählt, da die sauren Abspaltbedingungen der Boc-Schutzgruppe nicht mit dem verwendeten Chlorotritylchlorid-Harz kompatibel sind. Fmoc-Schutzgruppen werden durch sekundäre Amine, wie z.B. Piperidin gespalten, sie sind orthogonal zu Boc-Schutzgruppen. Die OH-Gruppen der beiden Serine wurden als tBu-Ether geschützt, der mit konz. TFA wieder gespalten werden kann.

Die beiden Aminfunktionen des Tripeptids **15** wurden mit Fmoc-, bzw. Boc-Schutzgruppen versehen, um sie getrennt voneinander zu funktionalisieren. Boc-Schutzgruppen können sauer, z.B. mit TFA gespalten werden, das Molekül liegt dann als TFA-Salz vor. Die Carbonsäurefunktion wurde als Benzylester geschützt, der reduktiv, z.B. durch katalytische Hydrogenolyse, gespalten werden kann. Nach Spaltung der Boc-Gruppe wird das Tripeptid mit einem Arginin gekuppelt, dessen Guanidino-Funktion mit einer Pbf-Gruppe geschützt ist. Da die Pbf-Gruppe durch konzentrierte TFA gespalten wird, ist sie nicht orthogonal zur Boc-Gruppe. Deswegen muss für die Aminfunktion des Arginins eine andere, zu Fmoc- und Pbf-Gruppen orthogonale Schutzgruppe verwendet werden. Hier wurde die Cbz-Schutzgruppe gewählt, die sich durch katalytische Hydrogenolyse spalten lässt. Die Pbf-Gruppe ist der Pmc-Gruppe gegenüber zu bevorzugen, da sie unter sauren Bedingungen schneller entschützt werden kann.

V. Ergebnisse und Diskussion

Entsprechend der bereits vorgestellten Retrosynthese soll das Arginin-Derivat **10** ausgehend von Tripeptid **15** hergestellt werden. Verbindung **15** wurde im Rahmen von Vorarbeiten innerhalb der Arbeitsgruppe von Govinda Babu Kotipallia hergestellt und stand somit für die Synthese als Ausgangssubstanz zur Verfügung.

1. Synthese des Cyclotetradepsipeptids 17

Tripeptid **15** wurde bei 0 °C mit einer Lösung aus TFA und TIPS behandelt, um die Boc-Schutzgruppe zu entfernen. Die Ausbeute wurde nach Trocknung unter Hochvakuum als quantitativ bestimmt.

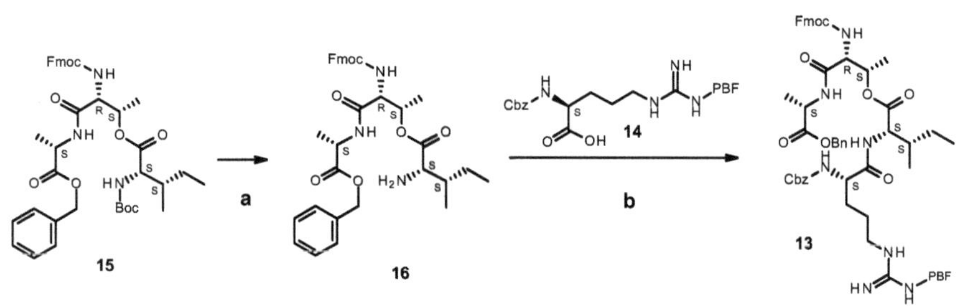

Abbildung 12: Synthese des Tetradepsipeptids **13**

Reaktionsbedingungen: a) TFA/TIPS, 0 °C, 30 min, quant.; b) HATU/DIPEA in DMF, RT, 16 h, 87 %

Das entschützte Tripeptid **16** stand nun für die Kupplung mit Arginin **14** zur Verfügung. Dieses ist allerdings nur als Cyclohexylamin-Salz erhältlich. Cyclohexylamin ist ein primäres Amin und bildet unter Kupplungsbedingungen mit Arginin ein unerwünschtes Nebenprodukt **29**. Deswegen muss zuerst eine Entsalzung durchgeführt werden, um das freie Arginin **14** zu erhalten. Wie in Tabelle 1 zu erkennen ist, sinkt die Ausbeute dramatisch, wenn Tripeptid **16** mit dem Cyclohexylamin-Salz von **14** gekuppelt wird.

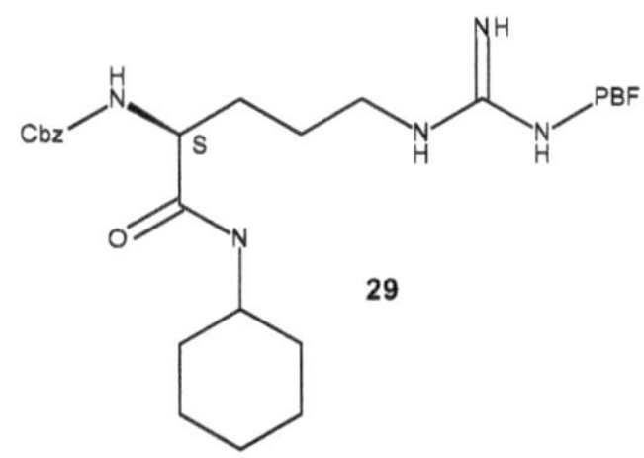

29

Abbildung 13: Kupplungsprodukt von Arginin **14** mit Cyclohexylamin

Das Arginin **14** wurde durch Behandlung mit einer 1 %igen Lösung aus TFA in DCM in seine freie Säure überführt. Dabei wird auch der doppeltgebundene Stickstoff der Guanidino-Gruppe protoniert, und Verbindung **14** in das TFA-Salz überführt. Das TFA-Salz von Arginin **14** wurde mit 95.6 % Ausbeute isoliert.

Als Ammonium-Salz gebundene Aminosäuren werden üblicherweise in ihre freien Säuren überführt, indem sie in Ethylacetat gelöst und mit 30 %iger Phosphorsäure behandelt werden. Anschließend wird die organische Phase gewaschen und eingedampft[20]. Aufgrund der säurelabilen Pbf-Gruppe wurde vom Standardverfahren abgewichen, um Nebenreaktionen zu vermeiden.

Anschließend wurden die TFA-Salze des Tripeptids **16** und des Arginins **14** miteinander gekuppelt, um das Tetrapeptid **13** zu erhalten. Da keine Literatur zu dieser Reaktion gefunden werden konnte, mussten einige Reaktionsbedingungen getestet werden, bevor die Reaktion erfolgreich verlief. Alle getesteten Reaktionsbedingungen sind in Tabelle 1 aufgeführt.

Tabelle 1: Reaktionsbedingungen und Ergebnisse der Kupplungsversuche zum Tetrapeptid **13**

Versuch	Arginin	Lösungsmittel /Temperatur	Reagenzien	Dauer	Ausbeute
1	1.0 äq. Cbz-Arg-Pbf-OH*CHA	DCM 0 °C - RT	1.65 äq. HATU 1.48 äq. HOBt 2.25 äq. DIPEA	48 h	ca. 5 %*
2	1.1 äq. Cbz-Arg-Pbf-OH*CHA	DCM 0 °C - RT	2.0 äq. HATU 1.8 äq. HOBt 1.5 äq. DIPEA	26 h	13 %
3	1.1 äq. Cbz-Arg-Pbf-OH*CHA	DCM 0 °C - RT	2.0 äq. HATU 1.5 äq. HOAt 1.5 äq. DIPEA	26 h	32 %
4	1.1 äq. Cbz-Arg-Pbf-OH*CHA	DCM 0 °C - RT	1.5 äq. PyBOP 3.0 äq.DIPEA	26 h	15 %
5	1.1 äq. Cbz-Arg-Pbf-OH*TFA	DCM RT	2.0 äq. HATU 1.8 äq. HOBt 5.0 äq. DIPEA	25 h	60 %
6 **	1.1 äq. Cbz-Arg-Pbf-OH*DIPEA	DCM RT	2.0 äq. HATU 1.8 äq. HOBt 3.0 äq. DIPEA	21 h	ca. 6 %*
7	1.0äq. Cbz-Arg-Pbf-OH*TFA	DMF RT	2.0 äq. HATU 1.8 äq. HOBt 5.0 äq. DIPEA	6 h	60 %
8	1.2 äq. Cbz-Arg-Pbf-OH*TFA	DMF RT	2.0 äq. HATU 1.8 äq. HOBt 5.0 äq. DIPEA	16 h	88 %
9	1.0 äq. Cbz-Arg-Pbf-OH*TFA	DMF RT	2.0 äq. HATU 1.8 äq. HOBt 5.0 äq. DIPEA	18 h	84 %

**Testversuch, Entsalzung durch Base (DIPEA) *bestimmt per LCMS

Schließlich konnte durch einen leichten Überschuss Arginin und Kupplung mit HATU in DMF eine Ausbeute von ca. 88 % erzielt werden. HATU ist ein für Peptidkupplungen übliches Kupplungsreagenz. Es kann auch zur Herstellung von Estern verwendet werden, die

Amidbildung ist allerdings die bevorzugte Reaktion. Der Mechanismus der Reaktion ist in Abb. 14 dargestellt.

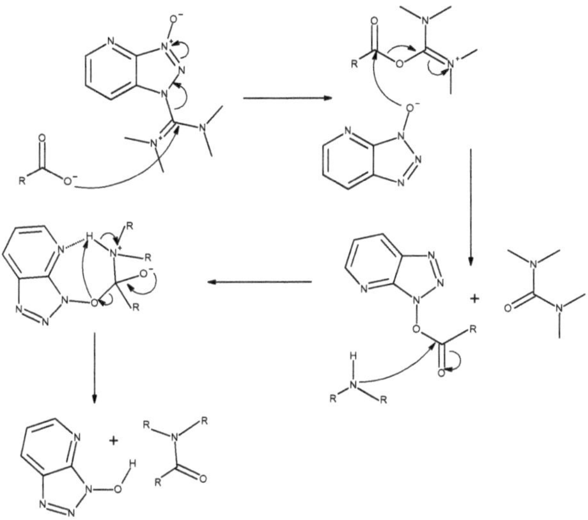

Abbildung 14: Reaktionsmechanismus einer Kupplung mit HATU

Im ersten Schritt wird das stark positiv polarisierte Iminium-Kohlenstoffatom der Isouronium-Gruppe nukleophil von einem Carboxylat-Anion angegriffen. Dabei bildet sich im Übergangszustand ein *O*-Acyl(tetramethyl)isouroniumsalz, dessen Carbonylgruppe wiederum nukleophil von dem zuvor abgespaltenen OAt-Anion angegriffen wird. Unter Abspaltung von Tetramethylharnstoff entsteht ein OAt-Aktivester. Der Carbonyl-Kohlenstoff des Aktivesters kann von Nukleophilen wie Aminen und Alkoholen angegriffen werden. Der Übergangszustand wird dabei durch eine Wasserstoffbrückenbindung zum Pyridin-Stickstoff stabilisiert. Unter Freisetzung von HOAt entsteht das Amid, bzw. der Ester. [21] Oft wird HOBt, HOAt oder Oxyma Pure als Hilfsreagenz zugegeben, um einer Racemisierung der Aminosäuren entgegenzuwirken.

Die nächsten Schritte der Synthese sind eine katalytische Hydrogenolyse zur Schutzgruppenabspaltung, gefolgt von einer Macrolactamisierung zum geschützten Cyclotetradepsipeptid **17** und anschließender Fmoc-Entschützung zum Produkt **20**.

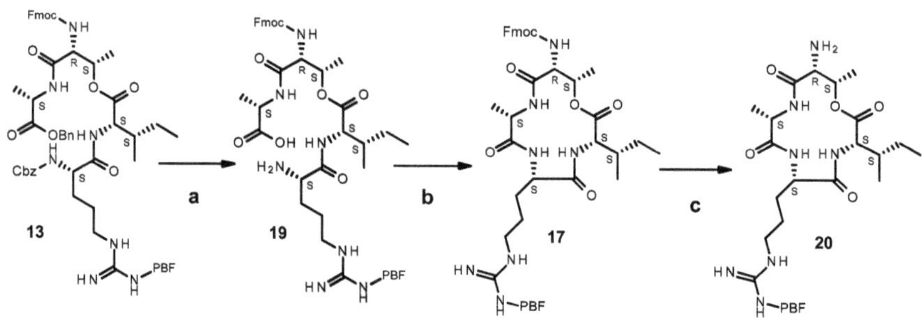

Abbildung 15: Synthese des Cyclotetradepsipeptids **20**

Reaktionsbedingungen: a) H_2, Pd[C] in AcOH, RT, 2 h, 81 %; b) HATU, HOBt, DIPEA in DMF, RT, 18 h, 23 %; c) Piperidin in DMF, RT, 30 min, 99 %

Zu Beginn wurde versucht, die Hydrogenolyse unter Standardbedingungen einer Cbz-Entschützung mit 10 %igem Pd[C] in Methanol unter Wasserstoffatmosphäre durchzuführen[22]. Unter diesen Bedingungen wurde jedoch die Verbindung **21** als Hauptprodukt gebildet. Selbst nach längeren Reaktionszeiten wurde das Edukt nicht vollständig umgesetzt und das gewünschte Produkt **19** wurde nur mit 20 % Ausbeute gebildet. Daraufhin wurden die Auswirkungen verschiedener Reaktionsbedingungen getestet. Eine Erhöhung des Drucks von 1 bar auf 2 bar führte allerdings nicht wie erwartet zur zusätzlichen Abspaltung der Cbz-Gruppe, sondern zur Bildung des Methylesters **23**. Ersetzen des 10 %igen Pd[C] Katalysators durch einen 10 %igen $Pd(OH)_2[C]$ führte dazu, dass abgesehen von der Bn- und der Cbz-Gruppe auch die Fmoc-Schutzgruppe gespalten wurde. Verbindung **22** wurde als Hauptprodukt gebildet.

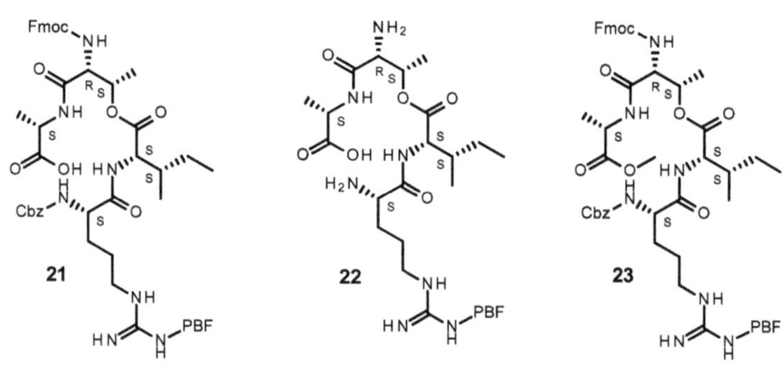

Abbildung 16: Nebenprodukte der Hydrogenolyse

Üblicherweise ist die Fmoc-Schutzgruppe orthogonal zu Bn- und Cbz-Gruppen[23], jedoch kann sie unter bestimmten Bedingungen auch hydrogenolytisch gespalten werden. Da die Cbz-Gruppe in der Regel unter deutlich milderen Bedingungen gespalten werden kann, als die Fmoc-Gruppe, wird dies oft vernachlässigt. Dieser Sachverhalt wurde auch beim Erstellen der Retrosynthese nicht bedacht, weswegen an diesem Punkt der Synthese Probleme mit der Schutzgruppenstrategie auftraten.

Durch geeignete Wahl der Reaktionsbedingungen konnte dennoch eine Ausbeute von 84 % erzielt werden. Dazu wurde die Reaktion bei RT in AcOH mit 0.5 äq. von 10 %igem Pd[C] durchgeführt. Problematisch an dieser Reaktion ist ihre geringe Laufzeit von 30 Minuten. Wird die Reaktion zu früh abgebrochen, befindet sich noch ein großer Teil des Edukts in Lösung. Läuft sie zu lange, zersetzt sich ein Teil des Produkts zu Verbindung **22**. Dies erschwert die Reaktionskontrolle durch DC sehr, was die Reproduzierbarkeit der Reaktion senkt. Wird die Menge an verwendetem Katalysator auf 0.1 äq. gesenkt, sinkt der Anteil des Fmoc-Spaltproduktes **22** im Produktgemisch, jedoch steigt auch die Reaktionszeit an. Wird das Reaktionsgemisch auf ca. 30 °C erhitzt, ist die Reaktion nach ca. 1-2 h abgeschlossen. Alle getesteten Reaktionsbedingungen sind in Tabelle 2 aufgeführt.

Das Nebenprodukt **22** kann nicht weiterverwendet werden, da es in der nachfolgenden Macrolactamisierung nicht bevorzugt zum gewünschten Produkt **20**, sondern zu dem 6-gliedrigen Diketopiperazin **24** führt.

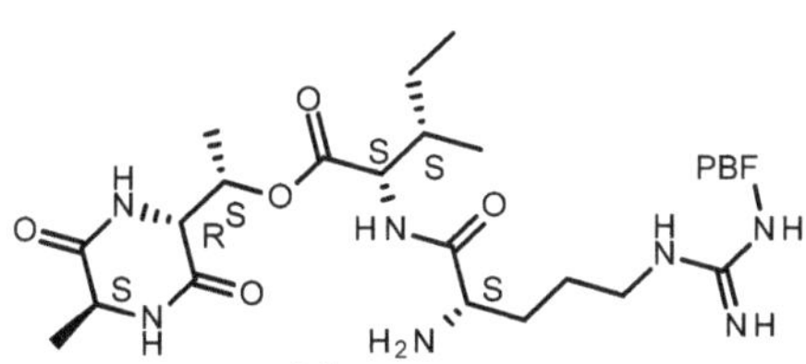

24

Abbildung 17: Lactamisierungsprodukt von **22**

Tabelle 2: Getestete Reaktionsbedingungen der Hydrogenolyse zu **20**

Versuch	Katalysator /Druck	Lösungsmittel /Temp.	Dauer	Ausbeute	Hauptprodukte
1	0.1 äq. Pd[C] 1 bar	MeOH RT	24 h	ca. 7 %*	21
2	0.2 äq. Pd[C] 2 bar (5h)	MeOH 0°C-RT	29 h	ca. 13 %*	21, 23
3	0.5 äq. $Pd(OH)_2[C]$ 1 bar	MeOH 0°C-RT	4 h	ca. 20 %*	21
4	0.5 äq. $Pd(OH)_2[C]$ 1 bar	AcOH RT	5 h	ca. 2 %*	22
5	0.5 äq. Pd[C] 1 bar	AcOH RT	30 min	48 %	19
6	0.5 äq. Pd[C] 1 bar	AcOH RT	30 min	84 %	19
7	0.1 äq. Pd[C] 1 bar	AcOH RT	30 min	ca. 40 %*	19
8	0.1 äq. Pd[C] 1 bar	AcOH RT	30 min	ca. 16 %*	21, 13
9	0.1 äq. Pd[C] 1 bar	AcOH 30 °C	50 min	81 %	19
10	0.1 äq. Pd[C] 1 bar	AcOH 30 °C	4 h	79 %	19
11	0.5 äq. Pd[C] 1 bar	AcOH 30 °C	2 h	43 %	19

*bestimmt per LCMS

In Anlehnung an die Synthese von Parmar et al. wurde die Macrolactamisierung von Verbindung **19** mit HATU, HOBt und DIPEA in DMF durchgeführt[17]. Verbindung **17** konnte unter diesen Bedingungen mit 23 % Ausbeute isoliert werden. Im nächsten Experiment wurde die Reaktionslösung stärker verdünnt, als Versuch die Ausbeute der Reaktion zu erhöhen. Dies hatte den gegenteiligen Effekt, sodass nach 18 Stunden noch ein Großteil des Eduktes sowie diverse Nebenprodukte vorlagen. Das Rohprodukt wurde durch Säulenchromatographie gereinigt, es konnte jedoch kein Produkt isoliert werden. In Versuch 3 wurde die Konzentration wieder auf die Hälfte des zu Beginn getesteten Wertes erhöht, was zu einer Ausbeute von 9 % führte.

Daraufhin wurde die Reaktion mit derselben Konzentration wie in Versuch 1 jedoch mit einer geringeren Menge an Kupplungsreagenzien und mehr DIPEA durchgeführt. Die Menge der Kupplungsreagenzien wurde verringert, um mögliche Auswirkungen auf die Ausbeute zu testen. Es wurden mehr Äquivalente DIPEA zugegeben, damit selbst bei hoher Verdünnung genug Base zur Verfügung steht um die Aminosäure zu deprotonieren. Eine LCMS des Rohproduktes zeigte eine Ausbeute von 31 %, allerdings befanden sich auch mehrere UV-inaktive Nebenprodukte im Reaktionsgemisch, die bei der Berechnung der Ausbeute nicht berücksichtigt wurden. Nach säulenchromatographischer Reinigung des Rohproduktes wurde Verbindung **17** mit 9 % Ausbeute isoliert. Es wird vermutet, dass während der Aufarbeitung und Reinigung von Versuch 4 ca. 50 % des Produktes verloren gingen.

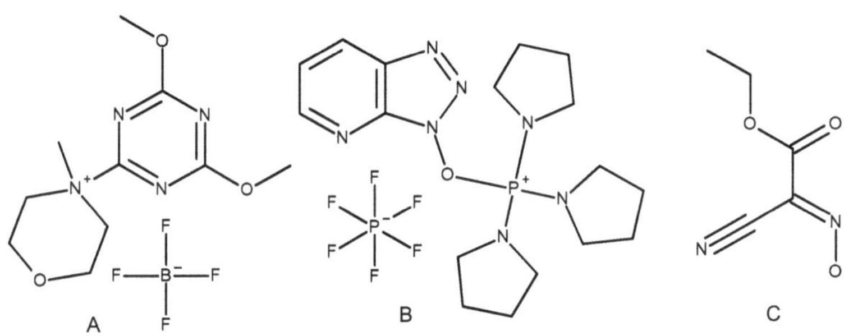

Abbildung 18: DMTMM*BF_4 (A), PyAOP (B) und Oxyma Pure (C)

Da mit HATU als Kupplungsreagenz keine zufriedenstellende Ausbeute erzielt werden konnte, wurden weitere, in der Literatur bei ähnlichen Reaktionen eingesetzte, Kupplungsreagenzien getestet. In Versuch 5 wurde DMTMM*BF_4 eingesetzt, das in der Teixobactin-Synthese von Giltrap et al. für die Macrolactamisierung benutzt wurde[24]. Das Rohprodukt bestand laut LCMS zu ca. 32 % aus Verbindung **17**, jedoch betrug die Ausbeute nach Reinigung durch Säulenchromatographie nur 16 %. Die gesamte Masse des Rohproduktes konnte nach der Reinigung wiedergefunden werden, somit ging kein Produkt während der Reinigung verloren. Entsprechend der Arbeiten von Jad et al. wurde auch PyAOP als Kupplungsreagenz mit Oxyma Pure als Hilfsreagenz getestet[16]. Die Ausbeute der Reaktion betrug 20 %. Alle getesteten Reaktionsbedingungen und Ergebnisse sind in der untenstehenden Tabelle 3 aufgeführt.

Tabelle 3: Getestete Reaktionsbedingungen der Macrolactamisierung zu **17**

Versuch	Reagenzien	Lösungsmittel /Konzentration	Dauer	Ausbeute
1	2.0 äq. HATU 2.0 äq. HOBt 5.0 äq. DIPEA	DMF 10 mmol/l	18 h	23 %
2	2.5 äq. HATU 2.5 äq. HOBt 6.2 äq. DIPEA	DMF 1 mmol/l	18 h	< 5 %*
3	1.8 äq. HATU 1.5 äq. HOBt 5.0 äq. DIPEA	DMF 5 mmol/l	18 h	9 %
4	1.5 äq. HATU 1.0 äq. HOBt 10 äq. DIPEA	DMF 10 mmol/l	18 h	9 %
5	2.4 äq DMTMM*BF_4 5.0 äq. DIPEA	DMF 10 mmol/l	18 h	16 %
6	1.5 äq. PyAOP 1.5 äq. OxymaPure 5.0 äq. DIPEA	DMF 10 mmol/l	18 h	20 %

*bestimmt per LCMS

Damit die Lactamisierung als bevorzugte Reaktion anstelle einer Dimerisierung eintritt, muss die Reaktionslösung ausreichend verdünnt werden. Eine Edukt-Konzentration von 10 mmol/l scheint zielführend zu sein, da die Dimere **25** und **26** nicht als Nebenprodukte beobachtet wurden.

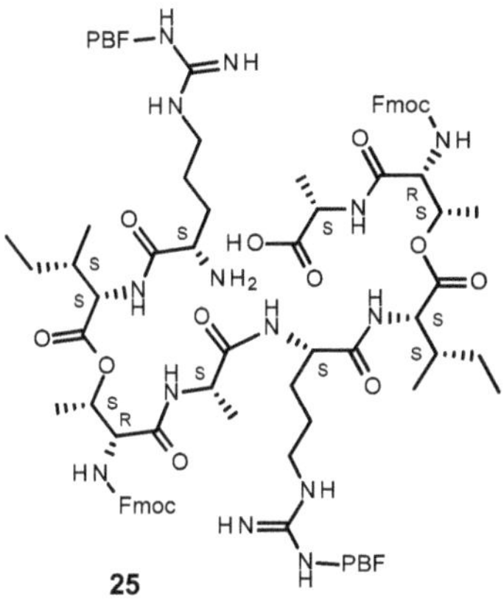

25

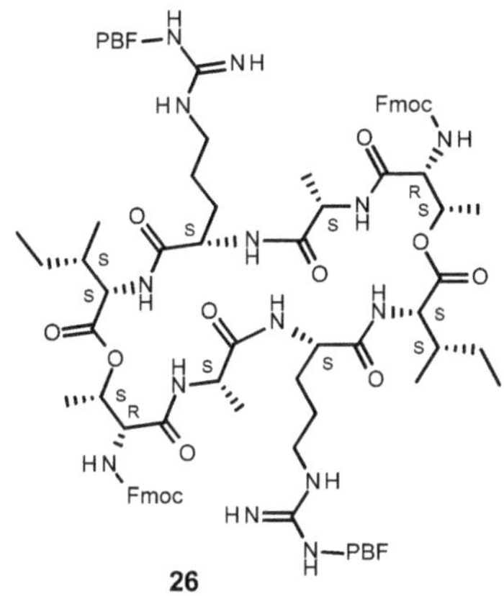

26

Abbildung 19: Mögliche Dimere von **19**

Im Laufe der Versuche entstanden verschiedenste Nebenprodukte, die abgesehen von Verbindung **22** nicht identifiziert werden konnten. Dass sich auch Verbindungen mit deutlich weniger als der halben Molekülmasse im Reaktionsgemisch befanden, deutet darauf hin, dass sich das Molekül teilweise zersetzt hat.

Keines der getesteten Kupplungsreagenzien erlaubte eine effiziente Kupplung. Jedoch konnte aus zeitlichen Gründen die Reaktion im Rahmen dieser Arbeit nicht weiter optimiert werden.

Das Produkt darf keine Spuren des Nebenproduktes **24** enthalten, da dieses im nächsten Reaktionsschritt nicht mehr vom gesuchten Produkt **20** unterschieden werden kann. Die Verbindungen **24** und **20** besitzen dieselbe Molekülmasse und eine ähnliche Polarität. Dies erschwert sowohl die säulenchromatographische Trennung, als auch die Identifikation der abgetrennten Fraktionen.

Im Anschluss wurde eine Fmoc-Entschützung mit 25 % Piperidin in DMF durchgeführt. Diese verlief problemlos und lieferte das Cyclotetradepsipeptid **20**. Der Mechanismus der Reaktion ist in Abbildung 20 dargestellt. Das Cyclotetradepsipeptid **20** wurde ausgehend von dem Tripeptid **15** mit 17 % Ausbeute isoliert.

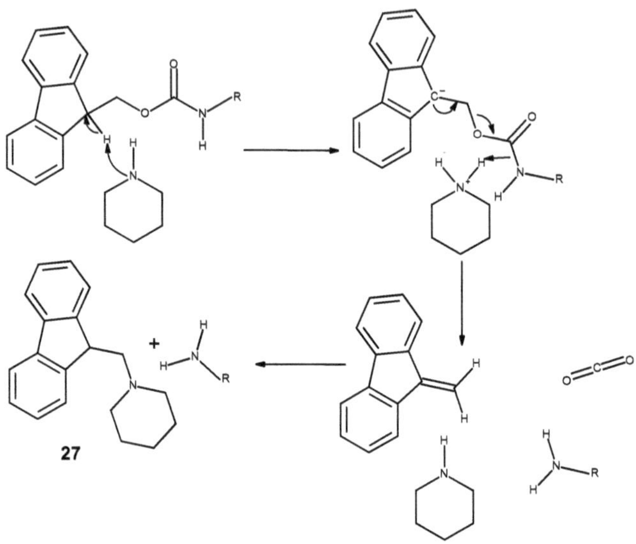

27

Abbildung 20: Mechanismus der Fmoc-Abspaltung

Das Kohlenstoffatom der Fluorenyl-Gruppe, in doppelt benzylischer Position, lässt sich im Gleichgewicht von einer schwachen Base, wie Piperidin, deprotonieren, da das resultierende Carbanion über die π-Elektronensysteme beider Aromaten stabilisiert ist. Es kommt zu einer Eliminierung des Carbamat-Anions nach $E1_{cb}$-Mechanismus. Das Carbamat-Anion lagert sich rasch zu CO_2 und einem Amid um, welches wiederum von dem Ammoniumsalz der eingesetzten organischen Base protoniert wird. Es entsteht das ungeschützte Amin, sowie eine äquivalente Menge an Dibenzofulven. Die eingesetzte organische Base kann an die Doppelbindung des Dibenzofulven addiert werden. Dies führt bei Verwendung von Piperidin zu Verbindung **27**.

2. Synthese des Heptapeptids 18

Das Heptapeptid **11** wurde mit der unter Punkt IV. Retrosynthese vorgestellten Schutzgruppenstrategie über eine Festphasensynthese hergestellt. Die Linker-Gruppe des hier verwendeten Harzes, die eingesetzten Aminosäuren und das geschützte Heptapeptid **18** sind in Abbildung 21 dargestellt.

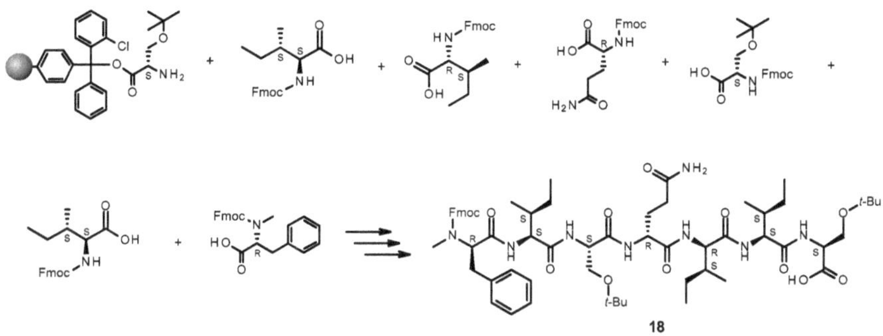

Abbildung 21: Synthese der Heptapeptid-Seitenkette **18**

Die Synthese wurde mit Serin beladenem Chlorotritylchlorid-Harz begonnen. Nacheinander wurden die sechs restlichen Aminosäuren angekuppelt, wobei immer gleich vorgegangen wurde. Die Synthese wurde bereits ein Jahr zuvor innerhalb der Arbeitsgruppe entwickelt und durchgeführt, die Ergebnisse von Jasmin Müller konnten jedoch nicht reproduziert werden. Deshalb wurde die Reaktion mit genauer Überwachung der einzelnen Kupplungsschritte wiederholt.

Die Aminosäuren wurden mit HATU in einer Doppelkupplung angebracht, das heißt, dass die Kupplung zweimal unter denselben Bedingungen wiederholt wurde, um die Ausbeute zu erhöhen. Anschließend wurde eine Fmoc-Entschützung durchgeführt und die nächste Aminosäure gekuppelt. Bei der letzten Aminosäure wurde keine Fmoc-Entschützung mehr durchgeführt, stattdessen wurde das Peptid vom Harz abgespalten.

Da nach mehreren Syntheseversuchen keine zufriedenstellende Ausbeute erzielt werden konnte, wurde nach jedem Kupplungsschritt eine kleine Menge des Harzes entnommen, um ein LCMS-Spektrum aufzunehmen und eine Fmoc-Titration durchzuführen. Diese Messungen geben Auskunft über die Effizienz der Kupplung, sowie entstandene Nebenprodukte.

Außerdem wurde das Harz nach jedem Schritt gewogen, als Indikator für die Vollständigkeit der Kupplung.

Die Fmoc-Titration wurde auf folgende Weise durchgeführt: 10 mg des Harzes wurden entnommen und mit der Abspaltlösung behandelt, anschließend wurde filtriert und das Harz mit DCM gewaschen. Das Filtrat und die Waschlösung wurden vereinigt und eingedampft. Der Rückstand wurde in 10 ml DCM gelöst, wovon 1 ml abgenommen und auf 10 ml aufgefüllt wurde. 1 ml dieser verdünnten Lösung wurde in eine Glasküvette gefüllt und ein UV/VIS-Spektrum aufgenommen. Über die Extinktion des Fmoc-Spaltproduktes **27** kann so die ursprüngliche Konzentration von Fmoc-Gruppen auf dem Harz berechnet werden.

Der Zusammenhang zwischen Extinktion und Konzentration ist durch das Lambert-Beersche Gesetz gegeben: $E_\lambda = \varepsilon_\lambda \cdot c \cdot d$

Dabei ist c die Konzentration der Lösung, d die Probendicke und ε_λ der Extinktionskoeffizient einer Verbindung, bei einer bestimmten Wellenlänge. Um die Beladung des Harzes in mmol/g ausrechnen zu können, muss die Formel umgestellt werden: $B = \frac{E_\lambda \cdot 10^5}{\varepsilon_\lambda \cdot m}$

Dabei ist m die eingewogene Masse des Harzes in mg. Die Beladung, B des zu Beginn eingesetzten Serin-Chlorotritylchlorid-Harzes war als ca. 0.32 mmol/g angegeben. Die ermittelten Daten zur Beladung in jedem Kupplungsschritt sind in Tabelle 4 dargestellt.

Tabelle 4: Ergebnisse der Fmoc-Titration (Werte in mmol/g)

Stufe	$B_{267\,nm}$ $\varepsilon_{267\,nm} = 18950$	$B_{290\,nm}$ $\varepsilon_{290\,nm} = 5800$	$B_{301\,nm}$ $\varepsilon_{301\,nm} = 7800$	Durchschnitt Ø	Ausbeute [%]
1	0.3449	0.3370	0.3085	0.3301	100
2	0.3239	0.3073	0.2751	0.3021	92
3	0.1749	0.1661	0.1346	0.1585	52
4	0.1360	0.0732	0.0711	0.0934	59
5	0.2373	0.2202	0.2070	0.2215	237
6	0.1031	0.0664	0.0710	0.0801	86

Die Ausbeute von Schritt 1 wird als quantitativ angenommen, da die angegebene Anfangsbeladung des Harzes von 0.32 mmol/g, sowie die erwartete Masse von 554 mg überschritten wurden. Schritt 5 weicht sehr stark von dem erwarteten Wert für die Beladung ab und wird deshalb als Ausreißer, nicht bei der Berechnung der Ausbeuten berücksichtigt. Das LCMS-Spektrum von Schritt 5 ist ebenfalls auffällig. Der berechnete Anteil des Produktes am Reaktionsgemisch sank von 33 % im 4. Schritt auf 5 % im 5. Schritt. Anschließend stieg der Anteil im 6. Schritt wieder auf 15 %. Dieses Verhalten ist sehr untypisch, da nicht mehr Produkt im 6. Schritt entstehen kann, als Produkt im 5. Schritt gebildet wurde. Schritt 5 und Schritt 1 entsprechen beide einer Kupplung von L-Ile an L-Ser, wieso die Ergebnisse der Reaktionen dennoch so unterschiedlich sind, konnte nicht in Erfahrung gebracht werden.

Bei den Daten von Schritt 5 handelt es sich um einen echten Ausreißer und nicht um eine Verwechslung der Proben. Da die Proben der einzelnen Kupplungsschritte jeweils mit 24 h Abstand entnommen und analysiert wurden, kann eine Verwechslung ausgeschlossen werden. Die LCMS-Spektren der Proben erlauben außerdem eine eindeutige Zuordnung. Der starke Abfall der Beladung im 3. Kupplungsschritt kann auch per LCMS beobachtet werden, dort fällt die aus der UV-Spur berechnete Ausbeute von 84 % auf 25 %.

Bis auf die Werte der 5. Kupplung sind die Daten kohärent und durchgehend mit jeder weiteren Kupplung fallend. Auffallend ist der starke Abfall der Beladung nach der 3. Und 4. Kupplung. Dies sind die Kupplungen von D-Gln an D-*allo*-Ile sowie von L-Ser an D-Gln. Bei diesen beiden Kupplungen fällt die Beladung um jeweils ca. 50 %. An beiden Kupplungen ist D-Gln beteiligt.

Per LCMS konnte nachgewiesen werden, dass das Hauptprodukt der Glutamin-Kupplung eine Verbindung mit einem [*m/z*]-Verhältnis von 486.4 ist, dieses konnte jedoch nicht identifiziert werden. Die gefundene Masse passt zu keiner der möglichen linearen oder zyklischen Verbindungen aus Kombinationen der verwendeten Aminosäuren.

Tabelle 5: Auswertung der gravimetrischen Bestimmung

Stufe	m [mg]	Ausbeute [%]
1	561	100
2	574	88
3	598	106
4	604	71
5	624	116
6	627	64

Nach beendeter Doppelkupplung wurde das Harz gründlich mit DMF und DCM gewaschen und anschließend für 1 h unter Hochvakuum getrocknet. Anschließend wurde das Harz gewogen und 15 mg für die LCMS-Messung und Fmoc-Titration abgenommen. Die Werte in der Tabelle 5 wurden bereits um die Masse des entnommenen Harzes korrigiert. Die Daten unterstützen teilweise die Ergebnisse der Fmoc-Titration. Besonders die Werte der 3. und 5. Kupplung sind auffällig, da die berechnete Ausbeute mehr als 100 % beträgt. Dies ist möglicherweise auf entstandene Nebenprodukte zurückzuführen.

Eine Erklärungsmöglichkeit für die schlechte Ausbeute der Festphasensynthese ist das Fehlen einer Schutzgruppe am Glutamin. In beiden bereits vorgestellten Synthesen von Jad et al. und Parmar et al. wurde Glutamin Trityl-geschützt eingesetzt[16,17]. Ob die Kupplung mit einem geschützten Glutamin zu besseren Ausbeuten führt, konnte im Rahmen dieser Arbeit leider nicht getestet werden.

Das geschützte Heptapeptid **18** wurde mit 14 % Ausbeute isoliert.

3. Synthese des Arginin-Derivats 10

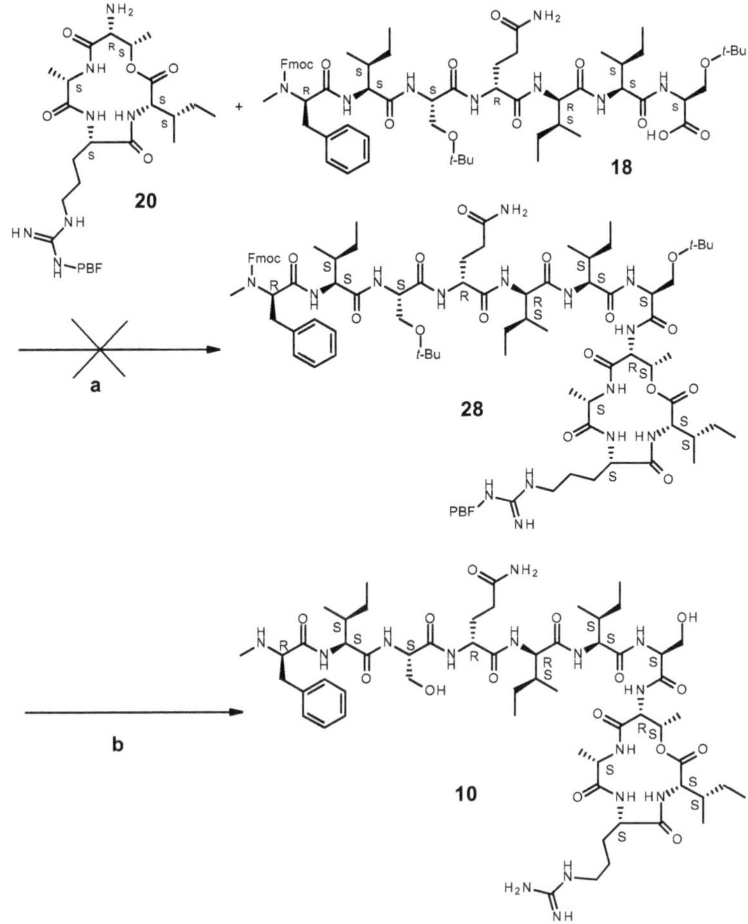

Abbildung 22: Synthese des Arginin-Derivats 10 von Teixobactin

Reaktionsbedingungen: a) HATU/ HOBt/ DIPEA in DMF, RT, 4 h, 0 %; b) TFA/TIPS dann Piperidin

Die Kupplung des Cyclotetradepsipeptids **20** mit dem Heptapeptid **18** wurde unter denselben Bedingungen angesetzt, wie die erfolgreichste Kupplung des Arginins **14** mit dem Tripeptid **16**. Die Reaktionsbedingungen wurden übernommen, da unter diesen zuvor Ausbeuten von ca. 80 % erzielt werden konnten. Die Reaktion ist allerdings fehlgeschlagen, was in einem komplexen Substanzgemisch ohne klares Hauptprodukt resultierte. Per LCMS konnten 19 verschiedene Massen mit relevanten Anteilen am Rohprodukt gefunden werden.

Die Masse von Verbindung **28** konnte nur in Spuren nachgewiesen werden. Das Substanzgemisch wurde chromatographisch getrennt, Verbindung **28** konnte jedoch nicht isoliert werden. Die Verbindungen **18** und **20** wurden während der Reaktion vollständig verbraucht, reagierten allerdings nicht zum gewünschten Produkt. Es sind weitere Testreaktionen mit anderen Kupplungsreagenzien oder unter milderen Reaktionsbedingungen notwendig. Mangels Zeit und benötigter Edukte musste die Synthese an diesem Punkt jedoch eingestellt werden.

VI. Zusammenfassung und Ausblick

Im Rahmen dieser Bachelorarbeit wurden erfolgreich die beiden geschützten Bausteine **18** und **20** des Arginin-Derivats **10** von Teixobactin **5** hergestellt und charakterisiert.

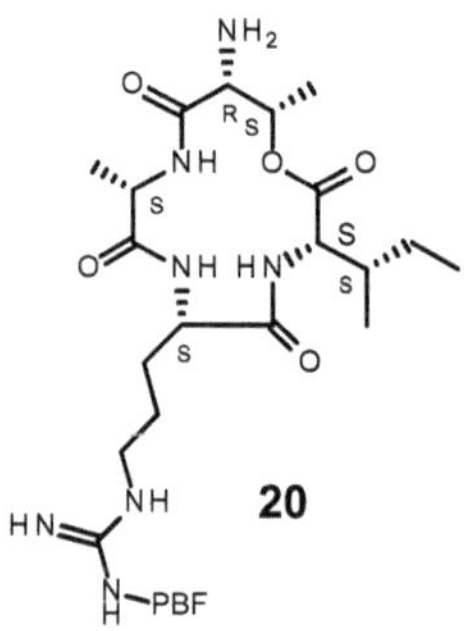

20

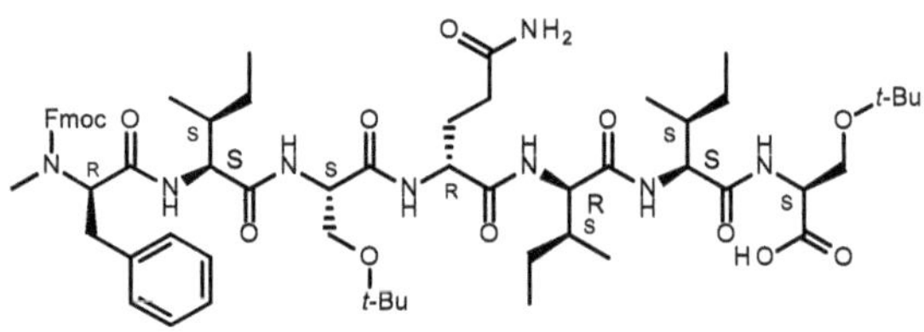

18

Abbildung 23: Erfolgreich hergestellte Zielmoleküle

In einer fünfstufigen Synthese konnte das Cyclotetradepsipeptid **20**, ausgehend von dem Tripeptid **15** mit einer Ausbeute von 17 % hergestellt werden. Die Ausbeute der Synthese lässt sich wahrscheinlich durch Änderung der Schutzgruppenstrategie verbessern. Dazu sollte die Fmoc-Gruppe durch eine Schutzgruppe ersetzt werden, die unter keinen Umständen hydrogenolytisch gespalten werden kann. Die Phtalimid-Schutzgruppe könnte dafür geeignet sein. Die Hydrogenolyse kann dann mit 10 %igem $Pd(OH_2)[C]$ in Essigsäure durchgeführt werden, da die Bn- und die Cbz-Gruppe so vollständig abgespalten werden. Die Phtalimid-Gruppe lässt sich mit Hydrazinhydrat spalten. Durch weitere Optimierung der bereits bekannten Reaktionsbedingungen lässt sich die Ausbeute der Synthese wahrscheinlich ebenfalls verbessern.

Die Ausbeute der Macrolactamisierung kann wahrscheinlich durch Screening geeigneter Kupplungsreagenzien oder Optimierung der Reaktionsbedingungen erhöht werden.

Kupplungsversuche mit FDPP oder DPPA, mit HOBt als Hilfsreagenz, sind sinnvoll, da diese Reagenzien auch in der Literatur für Macrolactamisierungen eingesetzt wurden[25,26].

Das Heptapeptid **18** wurde über eine sechsstufige Festphasensynthese in 14 % Ausbeute isoliert. Die Ausbeute der Festphasensynthese kann durch Einsatz eines geschützten Glutamins vermutlich verbessert werden.

Bei der Kupplung der beiden Bausteine zum Undecapeptid **28** sind weitere Testreaktionen nötig, um ein geeignetes Kupplungsreagenz und Reaktionsbedingungen zu ermitteln.

VII. Experimenteller Teil

Allgemein

Wenn nicht anders gekennzeichnet, wurden alle Chemikalien käuflich erworben und ohne weitere Reinigung eingesetzt. Alle Reaktionen wurden in ausgeheizten Kolben unter Argon-Schutzatmosphäre und in getrockneten Lösungsmitteln durchgeführt. DMF und DIPEA wurden frisch über CaH_2 getrocknet und destilliert. DMF wurde frisch mit Helium entgast. DCM wurde mittels eines MB-SPS-800 Lösungsmitteltrockner der Firma Braun getrocknet, MeOH wurde nach Zugabe von Magnesium unter Rückfluss gekocht und anschließend destilliert. AcOH wurde nicht weiter getrocknet.

Die Dünnschichtchromatographie wurde mittels Kieselgelplatten (Kieselgel 60 F_{254}, 250µm) der Firma Merck durchgeführt. Die Detektion erfolgte durch UV-Löschung bei 254nm und anschließender Färbung durch Eintauchen in eine Cer-Molybdatophosphorsäure- oder Ninhydrin-Lösung und nachfolgender Trocknung durch einen Heißluftföhn.

Für die Säulenchromatographie wurde Kieselgel 60 (0.04-0.063nm) der Firma Macherey-Nagel benutzt. IR-Spektren wurden mittels Bruker ALPHA FT-IR Platinum ATR gemessen und mit dem Programm Bruker OPUS 7.0 ausgewertet. Die HPLC-MS- und die Hochauflösungs-Spektren wurden entweder mit einem Varian 500 IonTrap (LC-ESI-MS System, Säule RP15. 5 µm) oder mit einem Bruker MicrOTOF (LC-ESI-MS) auf einer C18-Säule der Firma MZ Analystentechnik (PerfectSil Target ODS-3 HD 5 µm 100·4.6 mm) gemessen.

Die NMR-Spektren wurden an einem Bruker Avance II- (^{1}H bei 400.13 MHz, ^{13}C bei 100.62 MHz) bzw. Bruker Avance III-Spektrometer (^{1}H bei 600.13 MHz, ^{13}C bei 150.90 MHz) gemessen. Die Spinmultiplizität ist wie folgt angegeben: s (Singulett), bs (breites Singulett), d (Dublett), t (Triplett) und m (Multiplett).

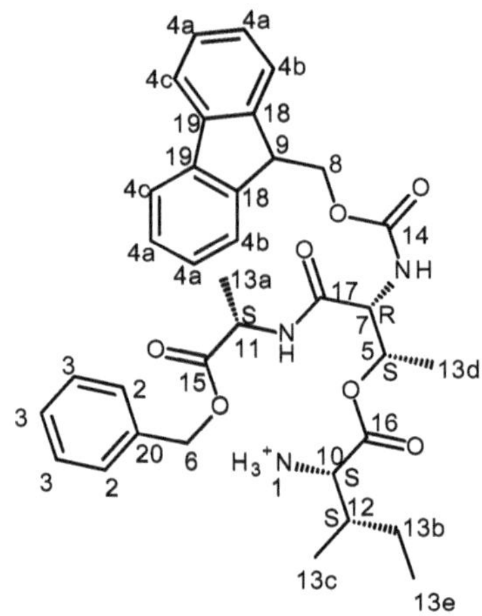

Bn-Ala-D-Thr(Fmoc)-Ile-NH$_2$ (AUJ-170, Vh. 16)

Eine Lösung aus 9 ml (117.35 mmol, 210 äq.) TFA und 97 µl (0.47 mmol, 0.85 äq.) TIPS wurde unter Rühren im Eisbad auf 0 °C gekühlt. Zu dieser Lösung wurden langsam 400 mg (0.56 mmol, 1 äq.) GVK-015 gegeben und für 2 h bei 0 °C gerührt.

Die Lösung wurde im N$_2$-Strom aufkonzentriert und der gelbe, harzige Rückstand in DCM gelöst und wieder eingedampft. Das Produkt wurde so oft mit Toluol angelöst und wieder eingedampft bis kein TFA mehr vorhanden war. Das Produkt wurde unter HV getrocknet.

Es wurden 408.5 mg (0.56 mmol, 100.2 %) eines cremefarbenen Feststoffes isoliert.

^{1}H-NMR (400 MHz, CDCl$_3$): δ [ppm] = 8.62 (bs, 3H, H-1), 7.78 (d, J=0.02, 2H, H-2), 7.57-7.68 (m, 2H, H-3), 7.24-7.43 (m, 10H, H-4), 5.61 (m, 1H, H-5), 5.15 (s, 2H, H-6), 4.64 (d, J=0.02, 1H, H-7), 4.38-4.5 (m, 2H, H-8), 4.29 (t, J=0.02, 1H, H-9), 4.05 (s, 1H, H-10), 3.88 (s, 1H, H-11), 1.64 (m, 1H, H-12), 0.83-1.6 (m, 15H, H-13)

^{13}C-NMR (100 MHz, CDCl$_3$): δ [ppm] = 175.76 (C-14), 170.22 (C-15), 164.4 (C-16), 157.01 (C-17), 144.12 (C-18), 143.67 (C-18), 141.28 (C-19), 141.24 (C-19), 134.52 (C-20), 128.65

(C-3+2+4a), 128.59 (C-3+2+4a), 127.95 (C-3+2+4a), 127.67 (C-3+2+4a), 127.63 (C-3+2+4a), 125.25 (C-4b), 125.06 (C-4b), 119.94 (C-4c), 68.11 (C-5), 65.83 (C-6+8), 58.91 (C-10), 57.77 (C-7), 48.94 (C-11), 46.94 (C-9), 36.99 (C-12), 25.69 (C-13a), 17.61 (C-13b), 16.08 (C-13c), 16.02 (C-13d), 11.47 (C-13e)

LC-MS (ESI): m/z (% relative Intensität) = 616.3 $[M+H]^+$ (100)

HR-ESI-MS (m/z): berechnet für $C_{35}H_{41}N_3O_7$, 616.3023 $[M+H]^+$, gefunden, 616.3168 $[M+H]^+$

IR (Art): $\tilde{\nu}_{max}$ (cm^{-1}) = 3283 (=C-H), 1690, 1645 (-C=O), 1538

R$_f$: 0.3 (CH:EA, 2:1)

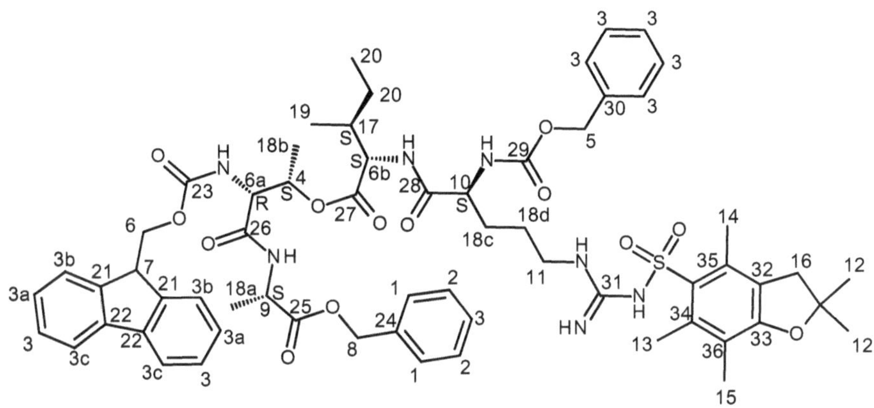

Bn-Ala-D-Thr(Fmoc)-Ile-Arg(PBF)-CBZ (MAK-001, Vb. 13)

368 mg (0.56 mmol, 1 äq.) käuflich erworbenes CBZ-Arg(PBF)-OH*CHA wurden mit 15.9 ml (1.39 mmol, 2.5 äq.) einer 1 %igen Lösung von TFA in DCM behandelt und bei Raumtemperatur für 30 min gerührt. Anschließend wurden 20 ml VE-Wasser zugegeben, gut geschüttelt, die Phasen getrennt und die Wasserphase zweimal mit 10ml DCM extrahiert. Die vereinigten organischen Phasen wurden mit ges. NaCl-Lösung gewaschen, mit Na_2SO_4 getrocknet und unter vermindertem Druck von Lösemittel befreit. Der Rückstand wurde mehrfach mit Toluol angelöst und wieder eingedampft um Reste von TFA zu entfernen, anschließend wurde das Produkt für 1 Tag unter HV getrocknet. Es blieben 359.6 mg (0.533 mmol, 95.6 %) eines weißen Feststoffes (CBZ-Arg(PBF)-OH*TFA) zurück, der einen leichten TFA-Geruch aufwies.

128.7 mg (176.3 µmol, 1 äq.) AUJ-170 wurden in 5 ml DMF gelöst und mit 118.7 mg (211.6 µmol, 1.2 äq.) CBZ-Arg(PBF)-OH*TFA versetzt. Daraufhin wurden 134.1 mg (352.7 µmol, 2 äq.) HATU, 42.9 mg (317.4 µmol, 1.85 äq.) HOBt und 150 µl (881.8 µmol, 5 äq.) DIPEA zugegeben und das Gemisch bei RT für 16 h gerührt.

Anschließend wurde die Reaktion durch Zugabe von ges. NH_4Cl-Lösung beendet, geschüttelt und die Emulsion fünfmal mit ca. 10 ml DCM extrahiert. Die vereinigten organischen Phasen wurden mit ges. $NaHCO_3$- und NaCl-Lösung gewaschen, über Na_2SO_4 getrocknet und eingedampft. Es blieben 400 mg eines gelben Feststoffes zurück, die durch Säulenchromatographie (EA:DCM:AcOH 3:8:0.1) gereinigt wurden. Es wurden 179.2 mg (154.7 µmol, 87.7 %) eines weißen Pulvers isoliert.

^{1}H-NMR (400 MHz, $CDCl_3$): δ [ppm] = 7.80 (d, J=0.02, 2H, H-1), 7.67 (d, J=0.01, 2H, H-2), 7.25-7.41 (m, 14H, H-3), 5.35 (t, J=0.01, 1H, H-4), 5.06-5.16 (m, 4H, H-5), 4.37-4.50 (m, 4H, H-6), 4.32 (d, J=0.01, 1H, H-7), 4.15-4.23 (m, 2H, H-8), 3.74 (m, 1H, H-9) 3.33 (m, 4H, H-10), 3.15 (m, 2H, H-11), 2.82-3.01 (m, 6H, H-12), 2.59 (s, 3H, H-13), 2.52 (s, 3H, H-14), 2.05 (s, 3H, H-15), 1.81 (m, 2H, H-16), 1.55-1.62 (m, 3H, H-17), 1.35-1.43 (m, 17H, H-18), 1.22 (m, 4H, H-19), 0.86-0.94 (m, 6H, H-20)

^{13}C-NMR (100 MHz, $CDCl_3$): δ [ppm] = 173.2 (C-23), 172.45 (C-25), 170.34 (C-27), 168.97 (C-26), 158.87 (C-28), 156.71 (C-31), 156.39 (C-29), 143.65 (C-21), 143.54 (C-22), 141.24 (C-32), 138.29 (C-33), 136.06 (C-24), 135.13 (C-30), 132.3 (C-34), 132.23 (C-35), 127.77-128.58 (C-1+2+3), 127.14 (C-3a), 125.11 (C-3b), 124.72 (C-36), 119.96 (C-3c), 70.78 (C-4), 67.50 (C-5), 67.33 (C-8), 67.07 (C-6), 58.32 (C-6b), 57.85 (C-6a), 55.06 (C-10), 48.75 (C-9), 47.01 (C-7), 43.13 (C-11), 36.23 (C-17), 29.66 (C-18d), 28.52 (C-16), 25.49 (C-18a), 25.12 (C-18c), 19.19 (C-18b), 18.48 (C-12+13+14+15+19+20), 17.89 (C-12+13+14+15+19+20), 17.66 (C-12+13+14+15+19+20), 17.05 (C-12+13+14+15+19+20), 15.18 (C-12+13+14+15+19+20), 12.39 (C-12+13+14+15+19+20), 11.33 (C-12+13+14+15+19+20)

LC-MS (ESI): m/z (% relative Intensität) = 1158.49 $[M+H]^+$ (100)

HR-ESI-MS (m/z): berechnet für $C_{62}H_{75}N_7O_{13}S$, 1158.5222 $[M+H]^+$, gefunden, 1158.5217 $[M+H]^+$, 1180.4802 $[M+Na]^+$

IR (Art): $\tilde{\nu}_{max}$ (cm^{-1}) = 3292 (=C-H), 2966 ($-CH_3$), 2933 ($-CH_2$), 1734, 1693, 1646, 1536 (-C=O),

R_f: 0.65 (95:5, DCM:MeOH)

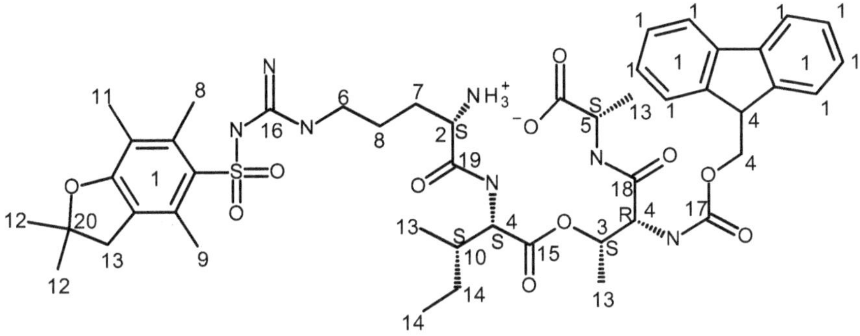

HO-Ala-Thr(Fmoc)-Ile-Arg(PBF)-NH_2 (MAK-003, Vb. 19)

25 mg (21.6 µmol, 1 äq.) MAK-001 wurden in 1 ml AcOH gelöst und mit 11.5 mg (10.8 µmol, 0.5 äq.) 10 % Pd auf Aktivkohle versetzt. Die Suspension wurde bei RT für 30 min unter 1 bar H_2-Atmosphäre gerührt. Die Aktivkohle wurde über Celite abfiltriert und die Lösung eingedampft. Der Rückstand wurde mehrfach mit Toluol und DCM angelöst und wieder eingedampft, um restliche AcOH zu entfernen. Nach Trocknung des Rohprodukts blieben 18 mg eines gelben Feststoffes zurück, der durch Säulenchromatographie (DCM:MeOH 92:8) gereinigt wurde. Es wurden 9.6 mg (10.3 µmol, 47.6 %) eines weißen Feststoffes isoliert.

^{1}H-NMR (400 MHz, $CDCl_3$): δ [ppm] = 7.29-7.76 (m, 8H, H-1), 6.53 (m, 2H, H-2), 5.14-5.46 (m, 2H, H-3), 4.07-4.51 (m, 5H, H-4), 3.43 (m, 1H, H-5), 3.05 (m, 6H, H-6),.56 (s, 2H, H-7), 2.49 (s, 2H, H-8), 2.08 (m, 4H, H-9), 1.71 (s, 1H, H-10), 1.61 (m, 3H, H-11), 1.45 (m, 6H, H-12), 1.19-1.35 (m, 20H, H-13), 0.76-0.94 8m, 11H, H-14)

^{13}C-NMR (100 MHz, $CDCl_3$): δ [ppm] = 175.56 (C-15), 157.35 (C-16), 142.54 (C-17), 139.38 (C-18), 137.39 (C-19), 134.31 (C-1), 131.33 (C-1), 128.88 (C-1), 127.25 (C-1), 124.22 (C-1), 121.34 (C-1), 119.98 (C-1), 116.18 (C-1), 109.69 (C-1), 86.19 (C-2), 78.65 (C-3), 59.70 (C-4), 42.47 (C-6), 28.27 (C-20), 23.15 (C-7), 20.13 (C-8), 18.90 (C-8+9+11+12+13), 17.55 (C-10), 14.04 (C-13), 12.22 (C-14)

LC-MS (ESI): m/z (% relative Intensität) = 934.5 $[M+H]^+$ (100), 956.5 $[M+Na]^+$ (42)

HR-ESI-MS (m/z): berechnet für $C_{47}H_{63}N_7O_{11}S$, 934.4385 $[M+H]^+$, gefunden, 934.4381 $[M+H]^+$

IR (Art): $\tilde{v}_{max}$ (cm^{-1}) = 3292 (=C-H), 2970 (-CH_3), 2933 (-CH_2), 1734, 1641, 1546 (-C=O), 1447, 1407 (-C-H)

R_f: 0.33 (9:1, DCM:MeOH)

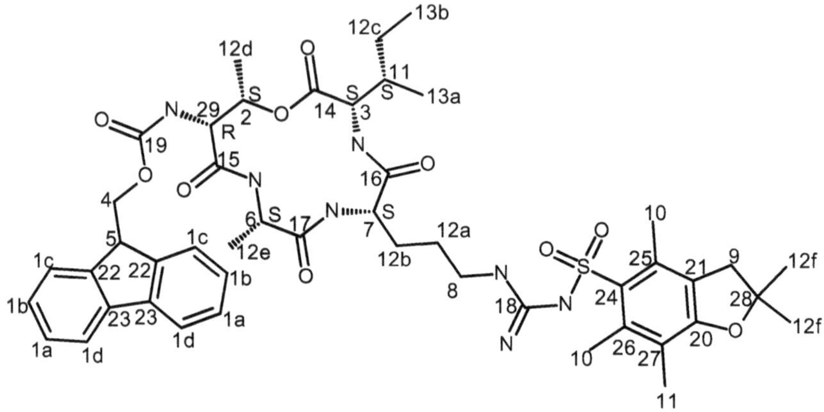

Tetracyclodepsipeptid (-Ala-Thr(Fmoc)-Ile-Arg(PBF)-) (MAK-004, Vb. 17)

30 mg (32.12 µmol, 1 äq.) MAK-003 wurden in 3.2 ml (10 mmol/l) DMF gelöst und mit 24.4 mg (64.2µmol, 2 äq.) HATU, 8.7 mg (64.2 µmol, 2 äq.) HOBt und 27.3 µl (160.5 µmol, 5 äq.) DIPEA versetzt. Die gelbe Lösung wurde für 18 h bei RT gerührt und die Reaktion durch Zugabe von ges. NH_4Cl-Lösung beendet. Anschließend wurde das DMF-Wasser-Gemisch fünfmal mit 10 ml DCM extrahiert und die vereinigte organische Phase mit $NaHCO_3$- und NaCl-Lösung gewaschen. Die organische Phase wurde mit Na_2SO_4 getrocknet und unter vermindertem Druck eingedampft. Das Rohprodukt wurde mehrfach mit Toluol angelöst und erneut eingedampft bis es fest wurde. Anschließend wurde es über Nacht unter HV getrocknet. Es blieben 66.8 mg eines weißen Feststoffes zurück. Das Rohprodukt wurde durch Säulenchromatographie (DCM:MeOH 94:6) gereinigt. Es blieben 6.8 mg (7.42 µmol, 23 %) eines weißen Feststoffes zurück.

^{1}H-NMR (400 MHz, $CDCl_3$): δ [ppm] = 7.75 (d, J=0.01, 2H, H-1), 7.22-7.42 (m, 6H, H-1), 4.56 (s, 1H, H-2), 4.40 (m, 1H, H-3), 4.13 (m, 2H, H-4), 3.96 (s, 1H, H-5), 3.75 (m, 1H, H-6), 3.45 (m, 1H, H-7), 2.61 (bs, 2H, H-8), 2.51 (s, 2H, H-9), 1.96-2.11 (m, 6H, H-10), 1.70-1.86 (m, 12H, H-11), 1.15-1.47 (m, 26H, H-12), 0.76-0.98 (m, 8H, H-13)
^{13}C-NMR (100 MHz, $CDCl_3$): δ [ppm] = 173.4 (C-14), 171.15 (C-15), 170.33 (C-16), 169.15 (C-17), 159-32 (C-18), 156.7 (C-19), 144.03 (C-20), 143.42 (C-21), 141.14 (C-22), 138.50 (C-23), 132.45 (C-24), 130.01 (C-25), 129.71 (C-26), 127.65 (C-1a), 127.11 (C-1b), 125.30 (C-1c), 119.90 (C-1d), 118.06 (C-27), 86.65 (C-28), 68.09 (C-2), 66.63 (C-4), 60.38 (C-3), 58.87 (C-29), 58.14 (C-6), 55.19 (C-7), 46.59 (C-8), 46.36 (C-5), 37.09 (C-11), 31.91 (C-9),

29.68 (C-10), 29.63 (C-10), 29.59 (C-11), 29.34 (C-12a), 25.51 (C-12b), 24.82 (C-12c), 18.01 (C-12d), 15.78 (C-12e), 15.11 (C-13a), 14.18 (C-12f), 10.20 (C-13b)

LC-MS (ESI): m/z (% relative Intensität) = 916.5 $[M+H]^+$ (100)

HR-ESI-MS (m/z): berechnet für $C_{47}H_{62}N_7O_{10}S$, 916.4273 $[M+H]^+$, gefunden, 916.4275 $[M+H]^+$

IR (Art): $\tilde{\nu}_{max}$ (cm^{-1}) = 3337 (=C-H), 2960 ($-CH_3$), 2924, 2854 ($-CH_2$), 1731, 1673, 1631 (-C=O), 1538 (-C-H)

R$_f$: 0.35 (9:1, DCM:MeOH)

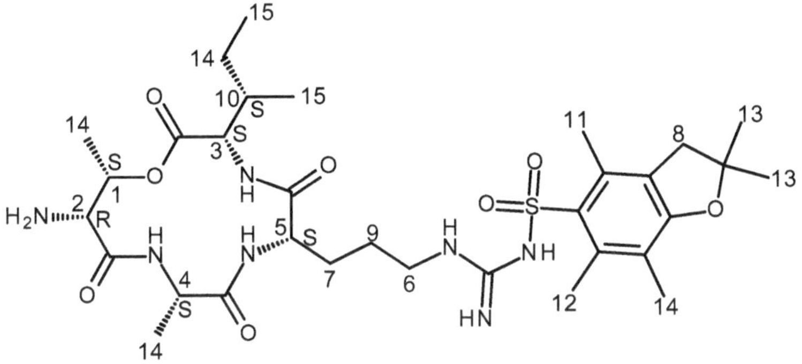

Cyclotetradepsipeptid (-Ala-Thr(NH)-Ile-Arg(PBF)-) (MAK-005, Vb. 20)

14 mg (15.3 µmol, 1 äq.) MAK-004 wurden in einer Lösung aus 0.25 ml Piperidin und 0.75 ml DMF gelöst und für 30 min bei RT gerührt. Anschließend wurde die Lösung eingedampft. Es blieben 15 mg eines weißen Feststoffes zurück, der durch Säulenchromatographie (DCM:MeOH 9:1) gereinigt wurde. Es wurden 11 mg (15.3 µmol, 100 %) eines weißen Feststoffes isoliert.

^{1}H-NMR (400 MHz, $CDCl_3$): δ [ppm] = 6.28 (m, 1H, H-1), 5.35 (m, 1H, H-2), 4.32 (m, 1H, H-3), 4.10 (m, 1H, H-4), 3.81 (m, 1H, H-5), 2.96 (bs, 2H, H-6), 2.57 (s, 2H, H-7), 2.50 (s, 2H, H-8), 2.09 (s, 2H, H-9), 2.02 (s, 1H, H-10), 1.82-1.85 (m, 3H, H-11), 1.57-1.65 (m, 4H, H-12), 1.47 (m, 6H, H-13), 1.27-1.35 (m, 16H, H-14), 0.83-1.00 (m, 8H, H-15)

LC-MS (ESI): m/z (% relative Intensität) = 694.4 $[M+H]^+$ (100), 716.3 $[M+Na]^+$ (8)

HR-ESI-MS (m/z): berechnet für $C_{32}H_{52}N_7O_8S$, 694.3593 $[M+H]^+$, gefunden, 694.3597 $[M+H]^+$

R$_f$: 0.19 (9:1, DCM:MeOH)

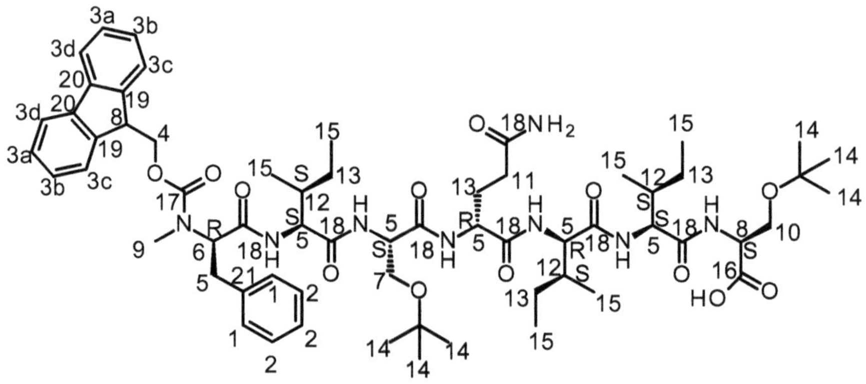

L-Ser(tBu)-L-Ile-D-allo-Ile-D-Gln-L-Ser(tBu)-L-Ile-D-MePhe-Fmoc (AUJ-144, Vb. 18)

Vorgelegt wurden 500 mg (0.16 mmol) des mit L-Ser(tBu)-NH_2 beladenen Chlorotritylchlorid-Harzes, an das durch Festphasensynthese die weiteren Aminosäuren angeknüpft wurden. Zu Beginn wurde das Harz mit DMF bedeckt und für 30 Minuten quellen gelassen, anschließend wurde das DMF abgesaugt und die Doppelkupplung begonnen. Es wurden 1.2 äq. der Aminosäure und 1.5 äq. HATU (91.9 mg) zugegeben, anschließend wurde das Harz mit ca. 5 ml DMF bedeckt, gefolgt von 2 äq. DIPEA (55 µl). Die Suspension wurde für 2 h im automatischen Schüttler geschüttelt. Daraufhin wurde das DMF abgesaugt und das Harz mit 15 ml frischem DMF sowie 15 ml DCM gewaschen, anschließend wurde die Kupplung mit derselben Aminosäure für 16 h wiederholt. Anschließend wurde erneut das DMF abgesaugt und das Harz mit 15 ml DMF sowie 15 ml DCM gewaschen. Das Harz wurde für 1 h unter HV getrocknet. Anschließend wurden 10 mg Harz für die Fmoc-Titration und 5 mg für eine LCMS-Messung entnommen. Das Harz wurde mit 4 ml DMF bedeckt und mit 1 ml Piperidin versetzt, anschließend wurde für 30 min geschüttelt. Die Suspension wurde erneut abgesaugt und gewaschen, anschließend wurde die Doppelkupplung mit der nächsten Aminosäure begonnen.

Gekuppelt wurden in der angegebenen Reihenfolge folgende Aminosäuren:

Fmoc-L-Ile-OH (68.2 mg; 0.19 mmol)

Fmoc-D-allo-Ile-OH (68.2 mg; 0.19 mmol)

Fmoc-D-Gln-OH (71.1 mg; 0.19 mmol) (hier wurden 4 äq. DIPEA zugegeben)

Fmoc-L-Ser(tBu)-OH (74 mg; 0.19 mmol)

Fmoc-L-Ile-OH (68.2 mg; 0.19 mmol)

Fmoc-D-MePhe-OH (77.4 mg; 0.19 mmol)

^{1}H-NMR (400 MHz, $CDCl_3$): δ [ppm] = 7,78 (d, J=0.01, 2H, H-1), 7,42 (t, J=0.02, 3H, H-2), 7,2-7,3 (m, 8H, H-3), 4.53 (m, 3H, H-4), 4,38 (m, 7H, H-5), 4,2 (s, 2H, H-6), 3,71 (bs, 2H, H-7), 3.54 (m, 1H, H-8), 2.78 (m, 3H, H-9), 2.49 (bs, 1H, H-10), 1.84 (m, 2H, H-11), 1.46 (m, 3H, H-12), 1.27 (s, 8H, H-13), 1.09-1.12 (m, 24H, H-14), 0.79-0.93 (m, 24H, H-15)
^{13}C-NMR (100 MHz, $CDCl_3$): δ [ppm] = 171.81 (C-15), 171.30 (C-16), 170.75 (C-17), 144.38 (C-18), 141.24 (C-19), 136.89 (C-20), 128.93 (C-1), 128.82 (C-3a), 128.61 (C-3b), 127.76 (C-2), 127.06 (C-2), 124.86 (C-3c), 120.00 (C-3d), 73.59 (C-7+10), 70.73 (C-14), 68.22 (C-4), 61.43 (C-6), 59.19 (C-5), 58.28 (C-5), 57.32 (C-5), 54.15 (C-5), 52.89 (C-5), 46.92 (C-8), 36.70 (C-5+12), 34.32 (C-11+9), 29.63 (C-13), 24.85 (C-13), 24.61 (C-13), 15.64 (C-15), 14.45 (C-15), 14.05 (C-15), 11.41 (C-15), 11.30 (C-15)

LC-MS (ESI): m/z (% relative Intensität) = 243.1 (100), 699.4 (36), 1155.7 $[M+H]^+$ (34).
HR-ESI-MS (m/z): berechnet für $C_{62}H_{91}N_8O_{13}$, 1155.6706 $[M+H]^+$, gefunden, 1155.6733 $[M+H]^+$
IR (ATR): $\tilde{v}_{max}$ (cm^{-1}) = 3271 (-OH), 2964, 2874 ($-CH_3$), 2926 ($-CH_2$), 1692, 1626 (-C=O)
R_f: 0.25 (92:8, DCM:MeOH)

VIII. Literaturverzeichnis

[1] Gesundheitsberichterstattung des Bundes, **2016**

www.gbe-bund.de/gbe10/abrechnung.prc_abr_test_logon?p_uid=gast&p_aid=0&p_knoten=FID &p_sprache=D&p_suchstring=8598 (15.10.2016)

[2] Steven J, Projan, Sanchez, Sergio, Demain, Arnold L; *Antibiotics Conference* **2015**, General Review, 109-112

[3] BTK, Bundestierärztekammer, Leitlinien für den sorgfältigen Umgang mit antibakteriell wirksamen Tierarzneimitteln, Auflage **2015**

[4] Fleming, A., *Br. J. Exp. Pathol.* **1921**, *10*, 226-236.

[5] DESTATIS, Statistisches Bundesamt Deutschland, **2016**

www.destatis.de/DE/ZahlenFakten/GesellschaftStaat/Bevoelkerung/Sterbefaelle/Sterbefaelle.html (23.09.2016)

[6] von Nussbaum, F.; Brands, M.; Hinzen, B.; Weigand, S.; Häbich, D.; *Angew. Chem.* **2006**, *118, 31,* 5194-5254

[7] Kurosu, M.; Siricilla, S.; Mitachi, K.; *Expert Opin. Drug Discov.* **2013**, *8, 9,* 1095-1116

[8] MRSA-net, Informationsportal zu MRSA, **2016**

www.mrsa-net.nl/de/oeffentlichkeit/mrsa-allgemein (15.10.2016)

[9] BMG, Bundesministerium für Gesundheit, **2016**

www.bmg.bund.de/themen/praevention/krankenhausinfektionen/die-wichtigsten-begriffe.html (15.10.2016)

[10] Robert Koch Institut, **2016**

www.rki.de/DE/Content/Infekt/Antibiotikaresistenz/Antibiotikaresistenz_node.html (15.10.2016)

[11] Paul-Ehrlich-Institut via Statista, **2016**

https://de.statista.com/statistik/daten/studie/241361/umfrage/praevalenz-von-mrsa/ (15.10.2016)

[12] Ling, L. L.; Schneider, T.; Peoples, A. J.; Spoering, A. L.; Engels, I.; Conlon, B. P.; Mueller, A.; Schaberle, T. F.; Hughes, D. E.; Epstein, S.; Jones, M.; Lazarides, L.; Steadman, V. A.; Cohen, D. R.; Felix, C. R.; Fetterman, K. A.; Millett, W. P.; Nitti, A. G.; Zullo, A. M.; Chen, C.; Lewis, K.; *Nature* **2015**, *517*, 455–459.

[13] Wang, Bo; Liu, Yunpeng; Jiao, Rui; Feng, Yiqing; Li, Qiong; Chen, Chen; Liu, Long; He, Gang; Chen, Gong; *J. Am. Chem. Soc* **2016**, *138, 11*, 3926-3932

[14] von Nussbaum, F.; Süssmuth R. D.; *Angew. Chem. Int. Ed.* **2015**, *54*, 6684-6686.

[15] Peoples, A. J.; Hughes, D.; L. L. Ling, W. Millett, A. Nitti, A. Spoering, V. A. Steadman, J.-Y. C. Chiva, L. Lazarides, M. K. Jones, K. G. Poullence, K. Lewis; **2014** NovoBiotic Pharmaceuticals, LLC, USA, Patent WO 2014089053, US 20140194345,

[16] Jad, Y. E., Acosta, G. A., Naicker, T., Ramtahal, M., El-Faham, A., Govender, T., Kruger, H. G., de la Torre, B. G., and Albericio, F.; *Org. Lett.***2015**, *17*, 6182–6185.

[17] Parmar, A., Iyer, A., Vincent, C. S., Van Lysebetten, D., Prior, S. H., Madder, A., Taylor, E. J.; Singh, I.; *Chem. Commun.***2016,** *52*, 6060–6063

[18] Yang, Hyunjun; Chen, Kevin H.; Nowick, James S; *ACS Chem. Biol.*; **2016**, *11, 7*, 1823-1826

[19] R. B. Merrifield; *J. Am. Chem. Soc.* **1963**, *85, 14*, 2149–2154

[20] Technical Notes, Bachem **2016**

www.bachem.com/service-support/technical-library/technical-notes/ (16.10.2016)

[21] Valeur, E.; Bradley, M.; *Chem. Soc. Rev.* **2009**, *38, 2,* 606-631

[22] Dakin, Leslie; **2010**, Astrazeneca UK Limited; Patent WO 2010/001169 A2

[23] Isidro-Llobet, Albert; Alvarez, Mercedes; Albericio, Fernando; *Chem. Rev.* **2009**, *109*, 2455–2504

[24] Giltrap, A. M.; Dowman, L. J.; Nagalingam, G.; Ochoa, J. L.; Linington, R. G.; Britton, W. J.; Payne, R. J; *Org. Lett.* **2016**, *18, 11,* 2788-2791

[25] Butler, S. J.; Jolliffe, K. A.; *Org. Biomol. Chem.* **2011**, *9, 9,* 3471-3483

[26] Deeley, J.; Bertram, A.; Pattenden, G.; *Org. Biomol. Chem.* **2008**, *6, 11,* 1994-2010

BEI GRIN MACHT SICH IHR WISSEN BEZAHLT

- Wir veröffentlichen Ihre Hausarbeit, Bachelor- und Masterarbeit

- Ihr eigenes eBook und Buch - weltweit in allen wichtigen Shops

- Verdienen Sie an jedem Verkauf

Jetzt bei www.GRIN.com hochladen und kostenlos publizieren

GRIN